DIREITO DIGITAL, INTELIGÊNCIA ARTIFICIAL E PROTEÇÃO DE DADOS PESSOAIS

DESAFIOS DE UM MUNDO EM TRANSFORMAÇÃO

Organizadores:
Gustavo Lopes Santos Pimentel
Alfredo Freitas

Autores:
Priscila Caneparo dos Anjos, Sérgio dos Santos de Barros, Amanda Luísa Carniel, Marcelo Ribeiro de Araujo Filho, Alfredo Freitas, Camila Campos Jacobs, Adriana Lampert, Marcus Abreu de Magalhães, Heloísa Rodrigues da Rocha, e Deborah do Valle Montenegro

WA LN

WASHINGTON & LINCOLN UNIVERSITY PRESS

Publisher: Washington & Lincoln University Press
First edition: APRIL 2026 (Revision 1.0)

Authors: Priscila Caneparo dos Anjos; Sérgio dos Santos de Barros, Amanda Luísa Carniel, Marcelo Ribeiro de Araujo Filho, Alfredo Freitas, Camila Campos Jacobs, Adriana Lampert, Marcus Abreu de Magalhães, Heloísa Rodrigues da Rocha, e Deborah do Valle Montenegro.
Title: Direito Digital, Inteligência Artificial e Proteção de Dados Pessoais: Desafios de um mundo em transformação
Cover design: Washington & Lincoln University Press
Book design: Washington & Lincoln University Press
Review: Washington & Lincoln University Press

E-book format: EPUB
Print format: Print format: Paperback- 6 x 9 inch

ISBN: 978-1-966958-46-8 (Print - Paperback)
ISBN: 978-1-966958-45-1 (e-book – EPUB)

Washington & Lincoln University Press is a division of Washington & Lincoln University, Inc.
Orlando, FL, USA
https://press.walnuniversity.com • https://walnuniversity.com

WASHINGTON
& LINCOLN
UNIVERSITY
PRESS

Editora: Washington & Lincoln University Press
Primeira edição: abril 2026 (Revisão 1.0)

Autores: Priscila Caneparo dos Anjos; Sérgio dos Santos de Barros, Amanda Luísa Carniel, Marcelo Ribeiro de Araujo Filho, Alfredo Freitas, Camila Campos Jacobs, Adriana Lampert, Marcus Abreu de Magalhães, Heloísa Rodrigues da Rocha, e Deborah do Valle Montenegro.
Título: Direito Digital, Inteligência Artificial e Proteção de Dados Pessoais: Desafios de um mundo em transformação
Design da capa: Washington & Lincoln University Press
Projeto gráfico: Washington & Lincoln University Press
Revisão: Washington & Lincoln University Press

Formato e-book: EPUB
Formato impresso: Capa mole - 6 x 9 polegadas

ISBN: 978-1-966958-46-8 (Impresso – capa mole)
ISBN: 978-1-966958-45-1 (e-book – EPUB)

Washington & Lincoln University e WALN University são marcas registradas da Washington & Lincoln University, Inc.
Washington & Lincoln University Press é uma divisão da Washington & Lincoln University, Inc.
Orlando, FL, USA
https://press.walnuniversity.com • https://walnuniversity.com

APRESENTAÇÃO

Estamos vivendo uma realidade digital na qual as relações tornam-se progressivamente mais virtuais. Essa transformação nos traz desafios e oportunidades de inovação. É necessário conhecê-las, assim como suas consequentes aplicações legais e regulamentações.

Nesse mundo em transformação, temas como a proteção de dados, a inteligência artificial e a proteção dos direitos humanos no contexto digital necessitam de estudos aprofundados. É no âmbito do debate dessas temáticas que esta obra se insere, lançando luz para um melhor entendimento do mundo no qual vivemos.

A Inteligência Artificial, que atualmente está mais presente do que nunca, é confiável e ética em decisões automatizadas? Como está sua regulamentação no panorama internacional e os limites de seu uso em trabalhos científicos? Como a proteção de dados pessoais se insere nesse contexto de transformação social? Essas e outras questões são abordadas por diferentes autores com vistas a contribuir para um melhor entendimento do mundo em transformação no qual vivemos hoje.

Gustavo Lopes Pimentel

Nota de responsabilidade

Os artigos e ensaios reunidos nesta obra são de inteira responsabilidade de seus respectivos autores. As opiniões, interpretações e conclusões expressas não refletem, necessariamente, a posição dos organizadores nem da instituição editora.

SUMÁRIO

SOBRE OS AUTORES

Gustavo Lopes Santos Pimentel (Organizador)

Gerente da agência BB. Mestre e Doutorando na Washington & Lincoln University. Mestre em Administração pela Ambra University

Alfredo Freitas (Organizador)

Diretor acadêmico e de tecnologia na Washington & Lincoln University, Orlando - FL. Responsável por método de ensino, inovação educacional, seleção, treinamento e acompanhamento de professores para cursos de mestrado e doutorado.

Sérgio dos Santos de Barros

Procurador do Município, Membro da Comissão de Direito Municipal da OAB/RJ, Pós-Graduação em Direito Tributário pela Universidade Candido Mendes, Master of Science in Legal Studies Law, Business and Technology pela Ambra University

Priscila Caneparo dos Anjos

Pós-Doutora em Novas Tecnologias, Direito e Ciências Sociais (MEDITERRANEA INTERNATIONAL CENTRE FOR HUMAN RIGHTS RESEARCH). Doutora em Direito Internacional (PUC-SP). Professora de Direito Internacional Público (FAE). Professora do Programa de Pós- Graduação em Direito da Washington&Lincoln University. Professora de Prática Jurídica em Direitos Humanos da Universidade Federal do Paraná (UFPR). Membro e parecerista da Academia Brasileira de Direito Internacional. Membro da Comissão de Direito Internacional (OAB/PR). Membro e Pesquisadora da RED de Derecho América Latina y Caribe. Membro da Associação Iberoamericana de Derecho, Cultura Y Ambiente. Delegada da Diplomacia Civil para a Organização Mundial do Comércio (OMC) e para o Conselho Econômico e Social (ONU). Autora de livros. Advogada internacionalista.

Marcelo Ribeiro de Araujo Filho

Bacharel em Direito pelo Centro Universitário Curitiba (UNICURITIBA)

Heloisa Rodrigues da Rocha

Doutoranda em Direito e Tecnologia pela Washington & Lincoln University, mestra em Direito pela Ambra University. Especialização em Direito Digital e Compliance pelo Damásio Educacional / Ibmec. Especialização em Orçamento Público pelo ILB/ Senado Federal. Auditora federal de controle externo do Tribunal de Contas da União (TCU) desde 2012.

Amanda Luísa Carniel

Advogada e Gerente de Governança, Riscos, Compliance e Controles Internos em Instituição de Pagamento. Mestre em Direito dos Negócios e Tecnologia pela Ambra University, possui especialização em Advocacia no Direito Digital e Proteção de Dados. Expert in Compliance, detém certificações EXIN e FGV voltadas à LGPD. Atua há mais de 5 anos com foco em Privacidade e Proteção de Dados, sendo membro do Compliance Women Committee (CWC), do IBRASPD e da Comissão de Direito Digital e Inovação da OAB/Maringá.

Marcus Abreu de Magalhães

Juiz de Direito vinculado ao Tribunal de Justiça de Mato Grosso do Sul. Doutorando em Direito na Universidade de Gênova. Mestre Summa Cum Laude em Legal Studies (AMBRA University). Tema da dissertação: Responsabilidade Civil na LGPD. Mestre em Compliance : MSc in Compliance na School of Business da Ambra University. Especialista em Controle de Constitucionalidade e Direitos Fundamentais na PUC-Rio de Janeiro. Bacharel em Ciências Econômicas e em Direito na Universidade de Brasília.

Adriana Lampert

Juíza de Direito vinculada ao Tribunal de Justiça de Mato Grosso do Sul. Doutoranda na Universidade de Gênova/ITA. Mestre em Direitos Humanos pela UFMS. Especialista em Jurisdição Inovadora pela ENFAM (Escola Nacional de Formação de Magistrados). Especialista em Direito Constitucional e Processo Civil pela PUC/RJ. Graduação em Direito pela UPF (Universidade de Passo Fundo/RS).

Camila Jacobs

Gestora de metodologia de ensino e Education Specialist na Washington & Lincoln University. Mestra em Relações Internacionais pela UFRGS, pós-graduada em EaD, pós-graduada em Designer Instrucional.

Deborah do Valle Montenegro

É advogada e profissional de Compliance e Governança Digital, com atuação em integridade, privacidade, gestão de riscos e governança de IA. Mestranda em Compliance, possui certificações internacionais em sistemas de gestão, com ênfase em compliance, segurança da informação, privacidade, riscos e inteligência artificial. Desenvolve pesquisas sobre os impactos jurídicos das neurotecnologias, com foco em neurodireitos, proteção de dados neurais e autonomia cognitiva.

DEVIDO PROCESSO LEGAL NOS JULGAMENTOS ALGORÍTMICOS DE PLATAFORMAS DIGITAIS

Autor:

Sérgio dos Santos de Barros

Nos dias atuais, a internet se consolidou como um instrumento fundamental para o desenvolvimento humano diante de sua capacidade de viabilizar o acesso à informação, ao conhecimento, assim como a serviços, utilidades e facilidades que aos seus usuários. A internet se tornou parte essencial da vida das pessoas, tendo em vista que amplia sobremaneira o acesso à informação e ao conhecimento de modo mais célere do que ocorria antes de sua popularização (Castells, 2001, p.43).

A internet desempenha um papel preponderante nas relações sociais, uma vez que o acesso aos meios digitais se tornou indispensável para o acesso à informação, ao conhecimento e ao exercício de direitos e deveres (Castells, 2001, p.69). As infinitas possibilidades que a internet proporciona a colocam em situação de constante desenvolvimento, de modo que, atualmente, surgiram novas formas de conexão e comunicação de objetos entre si e de objetos com as pessoas (o que tem sido denominado de internet das coisas; Magrani, 2018, p.61-65).

Dentre as diversas possibilidades que esta nova fase da internet proporcionou, uma se destaca em especial: a capacidade de realização de julgamentos por meio de algoritmos de inteligência artificial, como, por exemplo, decidir se um perfil de rede social deve ou não ser excluído; se uma empresa deve permitir que um usuário permaneça cadastrado em uma plataforma de serviços autônomos, etc (Frazão, 2022, p.579-580). A questão ganha maior importância porque as decisões tomadas pelos algoritmos das plataformas têm um imensurável potencial de causar danos pessoais e sociais aos usuários, repercutindo, assim, na vida de pessoas, empresas e da própria sociedade.

Assim sendo, o problema que surge é se cabe ou não a aplicação do princípio do devido processo legal em tais situações, ou seja, se o devido processo legal deve ser aplicado em caso de decisões adotadas por algoritmos de plataformas digitais quando estas causarem prejuízos aos usuários.

Este capítulo foi desenvolvido com o objetivo de refletir sobre a necessidade e a possibilidade da instituição e da aplicação da cláusula do devido processo legal no âmbito de julgamentos realizados pelas plataformas digitais privadas.

AS ORIGENS DO DEVIDO PROCESSO LEGAL E SUA APLICAÇÃO NO BRASIL

A ideia de devido processo legal é quase tão antiga quanto a de Estado de Direito e, segundo boa parte da doutrina, sua origem remonta à carta magna do rei João Sem Terra de 1215 (Marinoni et al, 2018, p.327). Segundo este instrumento, os barões ingleses passaram a exigir que o rei respeitasse as leis da terra, destacando-se dentre as várias limitações então impostas ao poder monárquico a obrigação de que "nenhum homem livre será molestado, ou aprisionado, ou despojado, ou colocado fora da lei, ou exilado, ou de qualquer modo aniquilado, nem nós iremos contra ele, nem permitiremos que alguém o faça, exceto pelo julgamento legal de seus pares ou pelo direito da terra" (Nery, 2004, p.61).

A consolidação do devido processo legal pela carta magna inglesa assegurou o direito a um procedimento próprio e previamente estabelecido para os casos submetidos à jurisdição estatal, afastando-se, assim, a possibilidade de procedimentos casuísticos e arbitrários. Assim sendo, apesar de não ter constado explicitamente da carta magna de 1215, a cláusula teve seu berço na expressão lei da terra constante daquele estatuto, sendo finalmente reconhecida pela expressão due process of law ulteriormente (Grinover, 1973, p.23-42).

O devido processo legal, pois, é considerado uma cláusula geral do ordenamento jurídico, já que não contém uma definição própria o que impede que o instituto fique aprisionado no tempo e no espaço, podendo, assim, ter seus contornos amoldados em cada caso concreto e em conformidade com as modificações sociais (Mendes, 2018, p.460). Por sua vez, criado para servir como um escudo contra os atos estatais tirânicos (em sua dimensão negativa), a ideia do devido processo legal evoluiu e passou a ostentar também uma dimensão positiva pela qual o processo legal somente é o devido se for adequado e suficiente para efetivar a proteção do direito substancial (Marinoni e Arenhart, 2004, p. 71-75).

Nesta acepção, portanto, o devido processo, para além de uma garantia de limitação dos atos estatais abusivos, excessivos e arbitrários em sua formulação original, passou ao longo do tempo e com seu desenvolvimento a ostentar a natureza de uma garantia programa. Por sua vez, a doutrina também passou examinar o devido processo legal para além de sua dimensão procedimental, identificando nele uma faceta substancial, segundo a qual a razoabilidade, a proporcionalidade e a racionalidade dos atos estatais devem ser observados a fim de evitar a violação de direitos básicos substantivos, como a liberdade de ir e vir, a liberdade de expressão e a liberdade de religião etc. A ideia aqui é proteger os direitos e liberdades fundamentais contra os atos e medidas estatais arbitrários, irracionais ou abusivos.

Em outros termos, as leis, atos e decisões estatais precisam ser justos, racionais e equilibrados, não podendo conter excessos, abusos ou arbitrariedades, enfim, é preciso que sejam razoáveis ou proporcionais (Castro, 1989, p.157 e Braga, 2008, p.187).

Desta forma, a cláusula do devido processo legal tem por objetivo proteger os direitos e garantias fundamentais estabelecidos na constituição e possui duas dimensões: a primeira, é a dimensão procedimental, que diz respeito à necessidade de observância de regras prévias que estabeleçam o processo a ser seguido até a tomada da decisão estatal; e, a segunda, é a dimensão substancial, que diz respeito à necessidade de que as decisões estatais sejam razoáveis e proporcionais de modo a se evitar excessos, abusos ou irracionalidades que acabem por violar ou afetar os direitos fundamentais.

No Brasil, a Constituição Federal de 1988 foi a primeira a estabelecer, explicitamente, a cláusula do devido processo legal, tendo sido prevista no rol de direitos e garantias fundamentais nos termos do Art. 5º, inciso LIV ("ninguém será privado da liberdade ou de seus bens sem o devido processo legal").

A CLÁUSULA DO DEVIDO PROCESSO LEGAL SEGUNDO SUA EFICÁCIA

Outro aspecto que deve ser considerado acerca da cláusula do devido processo legal diz respeito a sua eficácia. Deveras, quando se trata de direitos e garantias fundamentais, sua proteção deve ser pensada tanto sob o plano vertical como sob o horizontal.

A eficácia vertical é aquela que diz respeito à proteção dos direitos fundamentais dos cidadãos contra atos estatais (legislativos, executivos e judiciários), uma vez que a relação entre o poder público e cidadãos se estabelece através do exercício do poder coercitivo atribuído ao estado o que, muitas vezes, redunda na restrição ou violação de liberdades, direitos, autonomia e autodeterminação dos particulares. Assim sendo, a relação estado-indivíduo se põe de cima para baixo, ou seja, no sentido vertical, de forma que os direitos e garantias fundamentais têm por finalidade assegurar o equilíbrio dessa relação de modo a evitar o cometimento de abusos, excessos e arbitrariedades por aqueles que possuem a atribuição de exercer o poder estatal.

A eficácia horizontal, por outro lado, é aquela que se estabelece entre entes e pessoas que se encontram no mesmo nível de atuação, ou seja, relações em que não se verifica uma situação de submissão ou exercício de poder coercitivo. A eficácia horizontal dos direitos fundamentais se aplica à relação de duas pessoas ou entes privados.

A questão da eficácia horizontal dos direitos e garantias fundamentais ganhou adeptos e relevância diante dos avanços alcançados pela sociedade nos séculos XIX e XX. O aumento da importância das organizações e entes privados na sociedade moderna trouxe consigo a consequente concentração de poderes nas mãos de algumas pessoas e de organizações gerando desequilíbrios nas relações entre particulares, como se observa nas relações de consumo e nas relações trabalhistas, por exemplo. Diante do desequilíbrio constatado nas relações privadas, a eficácia no plano horizontal dos direitos e garantias fundamentais passou a ser invocada para o fim de equilibrar as relações entre particulares. (Sarmento & Gomes, 2011, p.61)

No Direito brasileiro, a teoria da eficácia horizontal direta dos direitos fundamentais tem encontrado acolhida na doutrina e na jurisprudência. A jurisprudência do Supremo Tribunal Federal, no entanto, não tinha uma posição firmada sobre o tema antes da constituição de 1988.

Após o advento da constituição federal de 1988, o Supremo Tribunal Federal analisou a matéria no julgamento do recurso extraordinário nº 158.215-4/RS em que foi invocado o direito fundamental ao contraditório e à ampla defesa por associado excluído do quadro de cooperativa por decisão unilateral. No acórdão lavrado, restou assentado que a exclusão do associado por suposta conduta que violava o estatuto da cooperativa deveria ter respeitado os direitos fundamentais ao devido processo legal e à ampla defesa.

Apesar de ter passado a reconhecer a possibilidade de aplicação da eficácia dos direitos fundamentais no plano privado (horizontal) antes mesmo do advento da constituição de 1988, a discussão das bases teóricas da aplicação da eficácia horizontal dos direitos fundamentais no direito brasileiro, vem pela primeira vez, no Supremo Tribunal Federal, somente no julgamento do Recurso Extraordinário nº 201.819-8/RJ (em 2005), no qual o Tribunal reconheceu que violações a direitos fundamentais ocorrem nas relações verticais mantidas pelos indivíduos com o Estado, como também nas relações travadas exclusivamente entre particulares, de forma que a proteção consagrada através dos direitos fundamentais deve ser invocada tanto nas relações dos poderes estatais com particulares, como também nas relações exclusivamente privadas.

O caso dizia respeito à exclusão unilateral (e, portanto, sem se oportunizar o exercício do direito fundamental ao contraditório e à ampla defesa) de um associado da União Brasileira de Compositores. O tribunal entendeu que não era dado a uma associação civil (assim como a qualquer outro ente privado) agir em desconformidade com os princípios informadores das normas infraconstitucionais e, muito menos, com os postulados fundamentais assegurados constitucionalmente (recurso extraordinário nº 201.819-8/RJ). Deste modo, a aplicação da cláusula do devido processo legal para além das relações estado-indivíduo e, portanto, sua incidência sobre as relações privadas vem sendo reconhecida pela doutrina e pela jurisprudência brasileira com o objetivo de assegurar os direitos fundamentais nas relações mantidas entre particulares.

A questão, por sua vez, é saber se a cláusula do devido processo legal pode ser aplicada na relação travada entre as plataformas digitais privadas e seus usuários, tendo em vista o desequilíbrio que tem sido observado no âmbito das chamadas relações privadas digitais quando as plataformas realizam julgamentos automatizados que, de alguma forma, prejudicam os usuários. Para responder a esta questão, é necessário compreender o que são e como têm sido realizados os julgamentos automatizados pelas plataformas digitais e os problemas e efeitos que estes têm causado aos seus usuários.

JULGAMENTOS REALIZADOS PELOS ALGORITMOS DAS PLATAFORMAS DIGITAIS

Como se disse anteriormente, as plataformas digitais têm se utilizado de sistemas algorítmicos para tomar decisões que impactam a vida de seus usuários. De fato, aos algoritmos de inteligência artificial têm sido atribuídas tarefas como, por exemplo, criar perfis, classificações e avaliações de pessoas para o fim de apurar suas características e comportamentos e, assim, restringir ou limitar o acesso a determinadas oportunidades ou direitos; avaliar e selecionar currículos de candidatos a vagas de empregos; etc. (Frazão, 2022, p.580)

Dentro deste contexto é que tem sido observada a tomada de decisões por algoritmos de inteligência artificial dotadas de vieses discriminatórios ou responsáveis por sugerir precificações e avaliações individualizadas abusivas, bem como outros resultados indesejados. Aqui, é possível tomar como exemplo o caso do Uber, que se utiliza de algoritmos de inteligência artificial para classificar os motoristas que se cadastram em sua plataforma e passam, por meio dela, a atender passageiros para realizar o serviço de transporte em automóvel particular.

Deveras, situações de acidentes de carros, denúncias de violência, abusos e importunações sexuais de motoristas contra passageiros que utilizam o serviço levaram a Uber a buscar o aprimoramento da segurança por meio do monitoramento de veículos e motoristas. Assim, a Uber tem buscado aprimorar seu sistema de pontuação algorítmica e de previsão de risco para identificar os motoristas mais confiáveis para prestar o serviço por meio da plataforma.

De todo modo, apesar dessas importantes medidas práticas de proteção dos usuários, a utilização de ferramentas algorítmicas de inteligência artificial para classificação, suspensão e exclusão de usuários continua sendo utilizada pela Uber. O problema surge porque os julgamentos realizados pelo sistema de algoritmos da plataforma do Uber utilizam um processo decisório obscuro no qual o motorista não tem a oportunidade de se defender ou ter conhecimento claro das razões pelas quais fora punido pela plataforma.

Um exemplo do que se está a asseverar pode ser extraído do julgamento da Apelação nº 0002051-43.2021.8.19.0066, realizado pelo Tribunal de Justiça do Rio de Janeiro, no qual o Uber foi acionado por ter excluído sem aviso prévio a conta de um motorista bem avaliado. O entendimento que prevaleceu foi o de que a Uber faltou com seus deveres de transparência e informação e com a boa-fé objetiva com o motorista, tendo agido de forma desleal ao cancelar seu perfil sem informar as razões de sua decisão nem responder a suas reclamações nas quais solicitava explicação e revisão da decisão de cancelamento (Tribunal de Justiça do Estado do Rio de Janeiro, Apelação nº 0002051-43.2021.8.19.0066).

Um outro exemplo é o do Facebook por ocasião do bloqueio da conta do ex-presidente norte-americano Donald Trump no ano de 2021 (Bond, 2021, p.02). Em um episódio que se tornou público e notório, o Presidente estadunidense, Donald Trump, teve seu perfil cancelado pelo Facebook após alguns de seus apoiadores invadirem o prédio do congresso norte-americano em seguida da confirmação da derrota do ex-presidente nas eleições presidenciais realizadas em 2020.

No caso em que o Facebook suspendeu por tempo indeterminado a conta de usuário do Presidente Trump, a questão foi levada ao Comitê de Supervisão (Oversight Board) da plataforma que decidiu manter a decisão de suspensão da conta e do perfil do usuário anteriormente adotada (Caso: 2021-001-FB-FBR). No entanto, apesar de manter a decisão de suspensão da conta do então ex-presidente, o Comitê também determinou que o Facebook adotasse medidas de aperfeiçoamento de seu julgamento a fim de conferir maior transparência e razoabilidade a suas decisões.

A partir dos exemplos acima, constata-se a necessidade de institucionalizar, de forma prévia, ampla e objetiva para todas as plataformas, um devido processo legal sob o aspecto das relações privadas digitais, ou seja, um devido processo legal digital que viabilize aos usuários o direito a um julgamento transparente, justo e que lhes assegure o direito de se defender e recorrer de decisões que causem violações aos direitos fundamentais. Por sua vez, é necessário verificar como a ideia de um devido processo digital pode ser concretizada de modo geral para todas as plataformas digitais e quais seriam as medidas que estas teriam de adotar para assegurar os direitos fundamentais dos usuários.

NECESSIDADE DE DESENVOLVIMENTO DO DEVIDO PROCESSO LEGAL DIGITAL

O desenvolvimento da internet e das tecnologias digitais com suas novas e cada vez mais complexas ferramentas têm sido objeto de preocupação dos estados-nação que têm procurado formas de limitar o uso da internet com o objetivo de proteger seus cidadãos, empresas, organizações e instituições.

O crescente uso da internet, o desenvolvimento de novas tecnologias digitais e o acúmulo de dados pessoais pelas grandes plataformas digitais nos últimos anos têm causado diversas situações, oportunidades de negócios, mas também novos problemas para os usuários. Além disso, o caráter transnacional das grandes empresas de tecnologia e a ausência de uma regulação jurídica acerca de sua atuação tem suscitado inquietações por não se enquadrarem nos preceitos tradicionais do constitucionalismo, que se baseia na soberania do estado e na sua autoridade sobre seus próprios cidadãos e entes privados numa relação caracterizada pela verticalidade.

A transnacionalidade que caracteriza a internet, por sua vez, torna vulnerável o poder dos estados-nação e dificulta sua atuação na defesa dos direitos e liberdades individuais, notadamente em face dos grandes conglomerados de empresas digitais que consolidaram seu poder e esferas de influência em escala global.

A questão constitucional no mundo digital, portanto, é muito mais ampla e se relaciona não somente com as violações perpetradas pelos poderes estatais, mas também com as violações realizadas pelas entidades privadas, notadamente as grandes empresas de tecnologia cujos sistemas automatizados impõem, unilateralmente, regras aos usuários de suas plataformas sem a observância das normas jurídicas dos estados nacionais. (Citron, 2008, p.1294-1297)

Desta maneira, faz-se necessária a redefinição de princípios e valores do constitucionalismo tradicional a fim de se instituir uma tutela jurídica adequada para disciplinar as relações travadas entre agentes públicos, privados e cidadãos no espaço digital (Celeste, 2019, p. 76-99). É dentro deste contexto que surge a ideia do constitucionalismo digital com o objetivo de limitar o poder de governança das plataformas. (Suzor, 2018, p.08)

Em resumo, o constitucionalismo digital pode ser definido como um conjunto de iniciativas jurídicas que tem por objetivo "articular o exercício de direitos políticos, normas de governança e limitações ao exercício do poder no ambiente digital" ou, ainda, "O constitucionalismo digital objetiva a limitação do exercício de poder em uma sociedade algorítmica, sejam os abusos cometidos pelo Estado, instituições privadas ou demais agentes da sociedade civil" (Lordelo, 2022, p. 154-155).

O constitucionalismo digital, portanto, surge com o intuito de lidar com os novos desafios impostos pela sociedade da informação (ou sociedade algorítmica) e tem por objetivo promover a proteção dos direitos humanos fundamentais e o equilíbrio entre os poderes, tanto na esfera pública quanto na esfera privada, propondo a adoção de diversas contramedidas normativas que objetivam combater o desequilíbrio constitucional decorrente das novas tecnologias digitais (Celeste, 2021, p.63-91). De fato, uma das grandes preocupações do constitucionalismo digital tem sido a proteção dos direitos individuais contra as ações e decisões tomadas por agentes privados que cumprem funções públicas (ou quase públicas), como é o caso das plataformas digitais (Lordelo, 2022, p.155).

As plataformas digitais, portanto, ainda que ostentem a natureza de entidades privadas, exercem uma forma de poder ao realizar a moderação de conteúdos ou exclusão e suspensão de contas dos usuários, uma vez que suas decisões têm influência direta sobre o exercício das liberdades constitucionais de opinião, expressão, comunicação, etc (Grinover, 2011, p. 323-351).

A questão que surge, no entanto, é como viabilizar a proteção aos direitos e liberdades individuais contra a atuação arbitrária, abusiva ou excessiva das grandes plataformas digitais? Nesta nova concepção do constitucionalismo (digital) é preciso pensar em avançar e desenvolver ideias como a eficácia horizontal dos direitos fundamentais, ou seja, de aplicação da proteção dos direitos fundamentais nas relações entre particulares sob a nova perspectiva da proteção dos usuários da internet contra o exercício ilegítimo de poder pelas plataformas digitais. Assim sendo, a ideia de eficácia horizontal dos direitos fundamentais em seu sentido primitivo (de proteção das liberdades de particulares em face de outros particulares) já não atende aos problemas e situações observadas nas relações travadas entre particulares na esfera pública digital.

Ocorre que, nas relações mantidas por usuários e plataformas digitais, estas últimas assumiram o protagonismo na definição de regras e condições do exercício de liberdades, assim como quanto à avaliação e julgamento da conduta dos usuários, ou seja, as plataformas agem como se fossem o próprio poder público produzindo regras de acesso e uso e ainda julgam a conduta de seus usuários, determinando a suspensão de perfis, postagens e chegando até mesmo a determinar a suspensão ou a exclusão dos usuários de seus cadastros.

Uma nova formulação da teoria da eficácia horizontal dos direitos fundamentais, portanto, é indispensável em virtude da nova realidade causada pelo desequilíbrio de forças nas relações privadas das plataformas digitais com seus usuários. A ideia principal é que o devido processo legal possa ser aplicado às relações privadas digitais para o fim de se assegurar proteção aos direitos e liberdades individuais contra o arbítrio e abusos das plataformas digitais. (Teubner, 2017, p. 196-197)

Ora, se na relação vertical que os particulares mantêm com o poder público são asseguradas uma série de direitos fundamentais com o objetivo de possibilitar o reequilíbrio dessa relação, por que razão não assegurar aos particulares mais vulneráveis os mesmos direitos quando a relação de desequilíbrio existente é travada com um outro ente privado que possua exponencial concentração de poder a ponto de ser equiparado a um estado-nação? Neste sentido é que é necessário estabelecer, minimamente, algumas condições para a criação de um due process digital, com a criação (a) de regras de julgamento prévias, claras e impessoais; (b) o estabelecimento de regras que assegurem aos usuários o direito a notificação prévia e a participar e influir no processo decisório através do exercício do contraditório; (c) o estabelecimento de regras que assegurem o direito a um julgamento imparcial e transparente; e (d) a possibilidade de revisão da decisão que afetar os direitos ou interesses dos usuários.

Deste modo, há a necessidade de instituição de um devido processo legal próprio e específico para disciplinar as relações digitais das plataformas com seus usuários, como vinha sendo feito pelo parlamento brasileiro por meio do projeto de lei federal nº 2.630 de 03 de julho de 2020 (atualmente arquivado) que objetivava instituir a lei brasileira de liberdade, responsabilidade e transparência na internet.

DA NECESSIDADE DE INSTITUCIONALIZAÇÃO DO DEVIDO PROCESSO LEGAL DIGITAL

Em conclusão, o devido processo legal é quase tão antigo quanto a de Estado de Direito, tendo nascido no direito inglês sob a ideia de garantia procedimental. Apesar disso, o due process percorreu um longo caminho até passar a ser efetivamente aplicado, sendo que, no direito brasileiro, somente passou a ser expressamente previsto como cláusula fundamental pela constituição federal de 1988.

Ainda que tenha nascido como uma garantia de natureza formal, ao longo do tempo o devido processo legal se desenvolveu e também passou a ostentar uma faceta substancial, servindo como instrumento de proteção dos indivíduos contra atos estatais que não observem a razoabilidade, a proporcionalidade e a racionalidade, isto é, contra atos arbitrários, excessivos ou abusivos do Poder Público em geral que violem direitos básicos substantivos, como a liberdade de expressão, liberdade de manifestação, liberdade ao exercício de um ofício, liberdade de religião, dentre outros.

Por sua vez, com as mudanças que redundaram na criação e no reconhecimento dos direitos sociais no final do século XIX e XX, o instituto deixa de ser pensado apenas no plano vertical, ou seja, como proteção dos particulares contra os atos estatais, passando a ser visto também no plano de eficácia horizontal, isto é, como uma garantia de particulares contra atos desarrazoados, abusivos, excessivos ou irracionais de outros particulares. Nos dias atuais, a questão ganhou especial relevância tendo em vista o desequilíbrio das relações digitais privadas travadas através da internet.

Diante do crescente interesse comercial e econômico, a exploração da internet se expandiu e levou à criação de enormes conglomerados empresariais que passaram a explorar serviços e a realizar as mais variadas espécies de negócios através de plataformas digitais. Assim, o poder que as grandes empresas de tecnologia digital exercem hoje atinge bilhões de pessoas que, na condição de usuários de seus serviços, são influenciados em sua vida cotidiana, em suas relações privadas e até mesmo públicas, surgindo daí a justificada preocupação dos governos nacionais com a atuação das grandes empresas de tecnologia, tendo em vista que, ao longo de poucos anos, se tem observado o vertiginoso crescimento do poder exercido por essas gigantes digitais sobre as sociedades das mais diferentes nações.

O avanço que permite o desenvolvimento da internet possibilitou que essas grandes empresas de tecnologia passassem a se utilizar de ferramentas de inteligência artificial nos processos decisórios de exclusão e suspensão de usuários e conteúdos de redes sociais, assim como em processos de seleção de empregados e de pessoas que pretendem prestar serviços como autônomos através de cadastro prévio nas plataformas digitais, dentre outras situações. As decisões tomadas por meio de algoritmos, todavia, têm sido criticadas em virtude de problemas relacionados a abusos, excessos, arbitrariedades e até vieses discriminatórios (por critérios como raça, idade, gênero, origem, etc), uma vez que são baseadas em modelos considerados corretos e verdadeiros em que se dá privilégio a informações estáticas e quantificáveis (e ao conhecimento racional e objetivo), em detrimento de informações e conhecimentos adquiridos através da experiência humana (dotados de subjetividade) que também são importantes para a tomada de decisões, mas que não conseguem ser captados pelas ferramentas tecnológicas.

Nos dias atuais, em que as pessoas têm acesso amplo à informação e, portanto, têm mais conhecimento acerca de seus direitos, a busca por uma explicação razoável e legítima sobre uma decisão que avalia negativamente um serviço prestado ou que exclui um usuário do cadastro de uma plataforma de serviços é cada vez mais exigida, uma vez que uma decisão que afete os direitos ou interesses de um usuário pode acarretar prejuízos graves em sua esfera pessoal, profissional financeira, política ou social.

Deveras, aos usuários das plataformas digitais deve ser assegurado o direito de obter uma explicação sobre os motivos levados em consideração no processo decisório automatizado, como corolário do direito fundamental dos usuários ao devido processo legal. Dentre as iniciativas é que surge a ideia de aplicação do já conhecido instituto do devido processo legal nas relações realizadas pela internet (devido processo legal digital) com o objetivo de buscar a proteção dos direitos dos indivíduos contra uma nova ordem e esfera de poderes que as grandes plataformas digitais possuem e já estão há algum tempo exercendo.

A ideia principal aqui é que o devido processo digital possa ser aplicado no plano de eficácia horizontal, ou seja, às relações realizadas por particulares no âmbito digital para o fim de assegurar a proteção de direitos e liberdades individuais contra o arbítrio e abusos das decisões automatizadas tomadas pelas plataformas digitais. Assim, além de garantias procedimentais é preciso que o devido processo digital se preocupe em assegurar a razoabilidade e proporcionalidade das decisões automatizadas e o direito à motivação e à revisão (humana em determinados casos) das decisões automatizadas surgem como possibilidades de solução para este problema, já que podem conduzir ao aperfeiçoamento da decisão através de sua reforma ou, caso esteja correta, podem servir como instrumento de convencimento dos usuários de modo a pacificar a questão.

Portanto, é necessário que o ordenamento jurídico estabeleça, minimamente, algumas condições para a criação de um due process digital, com a adoção de algumas regras legais que exijam que as plataformas digitais assegurem aos usuários o direito a ter conhecimento: da natureza da medida aplicada e o seu âmbito territorial; da fundamentação ou explicação clara e transparente das razões da decisão, devendo necessariamente ser apontada a cláusula aplicada de seus termos ou políticas de uso (ou a base legal para aplicação) e o conteúdo ou a conta que deu causa à decisão; se a decisão foi tomada exclusivamente por meio de sistemas automatizados fornecendo informações claras e adequadas a respeito dos critérios e dos procedimentos utilizados para a decisão; e dos procedimentos, prazos e a facilitação do acesso, pelos usuários, aos instrumentos para apresentação de recursos com a previsão da possibilidade de revisão humana das decisões automatizadas.

REFERÊNCIAS BIBLIOGRÁFICAS

Abboud, G. & Pereira, J.S.S.S. (2021). O devido processo na era algorítmica digital: premissas iniciais necessárias para uma leitura constitucional adequada. Revista dos Tribunais, 1026.

Alpaydyn, E. (2021). Machine learning. Londres: The Mit Press.

Amaral, J.S. & Boff, S.O. (2018). A falibilidade do algoritmo content id na identificação de violações de direito autoral nos vlogs do Youtube: embates sobre liberdade de expressão na cultura participativa. Revista de Direito, Inovação, Propriedade Intelectual e Concorrência, 4(2). e-ISSN: 2526-0014.

Angeluci, A. & Rossetti, R. (2021). Ética Algorítmica: questões e desafios éticos do avanço tecnológico da sociedade da informação. Galáxia, 46. http://dx.doi.org/10.1590/1982-2553202150301

Ataíde Júnior, V. P. O direito fundamental ao devido processo legal.

Bahia, F. (2017). Direito constitucional. Recife: Armador.

Barreiros, L. M. S. (2009). A Cláusula Geral do Devido Processo Legal e seus Principais Aspectos. Revista Dialética de Direito Processual, 81.

Barroso, L. B. (1997). Os princípios da razoabilidade e da proporcionalidade no direito constitucional. BDA – Boletim de Direito Administrativo.

Bond, S. (2020). In 1st Big Test, Oversight Board Says Facebook, Not Trump, Is The Problem. https://www.npr.org/2021/05/07/994436847/what-we-learned-about-facebook-from-trump-decision

Braga, P. S. (2008). Aplicação do Devido Processo Legal nas Relações Privadas. JusPodium.

Briggs, A. & Burke. P. (2006). Uma história social da mídia: de Gutenberg à Internet. Zahar.

Callejón, F. B. (2022). La Constitución del Algoritmo. Zaragosa: Fundación Manuel Giménez Abad.

Câmara, A. F. (2013). Lições de Direito Processual Civil. Editora Atlas.

Canotilho, J. J. (2003). Direito Constitucional e Teoria da Constituição. Almedina.

Canut, L. (2021). Decisões automatizadas e o direito à explicação no regulamento geral de proteção de dados da união européia. Revista de Direitos e Garantias Fundamentais, 22(1). https://doi.org/10.18759/rdgf.v22i1.1573

Cardoso, S.T . & Bastos, I. B. A. (2016). Leading cases de direito das famílias: uma análise das situações com repercussão geral no Supremo Tribunal Federal a partir da eficácia horizontal dos direitos fundamentais. Revista Brasileira de Direito Civil, 10.

Castells, M. (1999). A Era da Informação: economia, sociedade e cultura (vol.3). Paz e Terra.

Castells, M. (2000). A sociedade em rede. Editora Paz e Terra.

Castells, M. (2001). Internet galaxy: reflections on the internet, business and society. Oxford Press.

Castro, C. R. S. (1989). O devido processo legal e a razoabilidade das leis na nova Constituição do Brasil. Forense.

Celeste, E. (2021). Constitucionalismo digital: mapeando a resposta constitucional aos desafios da tecnologia digital. Revista Direitos Fundamentais & Justiça, 45, ano 15.

Celeste, E. (2019). Digital Constitutionalism: a New Systematic Theorisation. International Review of Law, Computers & Technology, 33(1).

Chemerinsky, E. (1985). Rethinking state action. Northwestern University Law Review, 80(3).

Citron, D. K. (2008). Technological due process. Washington University Law Review, 85, Rev. 1249.

Cohen, J. E. (2000). Examined lives: informacional privacy and the subject as object. Stanford Law Review, 52.

Crawford, K. & Schultz, J. (2013). Big Data and Due Process: Toward a Framework to Redress Predictive Privacy Harms. Boston College Law Review, 55(93).

Costa, A. A. (2008). O controle de razoabilidade no direito comparado. Thesaurus Editora de Brasília Ltda.

Dastin, J. (2018). Amazon scraps secret AI recruiting tool that showed bias against women. https://www.reuters.com/article/us-amazon-com-jobs-automation-insight-id

De Gregorio, G. & Radu, R. (2022). Digital constitutionalism in the new era of Internet governance. International Journal of Law and Information Technology, 30. https://doi.org/10.1093/ijlit/eaac004

Didier Júnior, F. (2008). Curso de Direito Processual Civil. JusPodium.

Dinamarco, C. R. (2004). Instituições de direito processual civil. São Paulo: Malheiros.

Dinamarco, C. R., Badaró, G. H. R. I., & Lopes, B. V. C. (2020). Teoria geral do processo. São Paulo: Malheiros.

Dinamarco, C. R. (2013). A instrumentalidade do processo. São Paulo: Malheiros. 15ª edição.

Doshi-Velez, F. & Mason, K. (2017). Accountability of AI Under the Law: The Role of Explanation. Berkman Klein Center for Internet & Society, working paper. http://nrs.harvard.edu/urn-3:HUL.InstRepos:34372584

Época Negócios. (2012). Facebook compra Instagram por US$ 1 bilhão - Segundo Mark Zuckerberg, o aplicativo funcionará como uma marca separada da empresa. https://epocanegocios.globo.com/Informacao/Acao/noticia/2012/04/facebook-compra-instagram-por-us-1-bilhao.html,https://oglobo.globo.com/economia/facebook-compra-whatsapp-por-us-19-bilhoes-11656044

Figueiredo, A. M. (2008). Ética: origens e distinção da moral. Saúde, Ética & Justiça, 13(1), 1-9. https://doi.org/10.11606/issn.2317-2770.v13i1p1-9

Figueiredo. L. V. (1997), Estado de Direito e Devido Processo Legal. Revista de Direito Administrativo, 209. Rio de Janeiro.

Floridi, L. (2014). The 4th Revolution: How the infosphere is repahsing human reality. Oxford University Press.

Frazão, A. (2022). Julgamentos algorítmicos: a necessidade de assegurarmos as preocupações éticas e o devido processo legal. Editora Foco.

Frazão, A. (2022). Decisões algorítmicas x decisões humanas - As falhas das decisões humanas justificam a sua substituição pelas decisões algorítmicas? https://www.jota.info/opiniao-e-analise/colunas/constituicao-empresae-mercado/decisoes-algoritmicas-x-decisoes-humanas-06042022

Frazão, A. (2021). Decisões algorítmicas e direito à explicação. Em que medida é possível encontrar explicações em decisões algorítmicas? https://www.jota.info/opiniao-eanalise/colunas/constituicao-empresa-e-mercado/devido-processo-digital-20102021

Fredes, A. F. (2022). Democracia, redes sociais e constituição federal. Dialética Editora.

Freitas, B. A. (2020). Crise financeira de 2008: você sabe o que aconteceu? https://www.politize.com.br/crise-financeira-de-2008/

Gadelha, J. J. (2022). Aplicação dos direitos fundamentais nas relações privadas: como garantir o devido processo legal? Int. Públ., 33.

Goodman, B. & Flaxman, S. (2017). European Union Regulations on Algorithmic Decision Making and a Right to Explanation. AI Magazine. https://doi.org/10.1609/aimag.v38i3.2741

Grinover, A. P. (2011). Princípios processuais fora do processo (vol.1). São Paulo: Doutrinas Essenciais de Processo Civil.

Grinover, A. P. (1973). As garantias constitucionais do direito de ação. Revista dos Tribunais.

Kaminski, M. E. (2019). The Right to Explanation, Explained. Berkeley Technology Law Journal, 34(189).

Kozyrkov, C. (2018). Explainable AI won't deliver. Here's why. https://kozyrkov.medium.com/explainable-ai-wont-deliver-here-s-why-6738f54216be

Laborde. (2020). Ofensiva judicial de Trump para reverter as eleições desmorona na Suprema Corte. https://brasil.elpais.com/internacional/2020-12-09/ofensiva-judicial-de-trump-para-reverter-as-eleicoes-desmorona-na-suprema-corte.html

Leal, M. (2022). Decisões automatizadas e direito à explicação. Consultor Jurídico. https://www.conjur.com.br/2022-abr-27/martha-leal-decisoes-automatizadas-direito-explicacao

Leal, R. P. (2013). A Teoria Neoinstitucionalista do Processo: uma trajetória conjectural. Belo Horizonte: Arraes Editores

Leite, P. (2006). Google compra site de vídeo YouTube por US$ 1,65 bi. https://www1.folha.uol.com.br/fsp/dinheiro/fi1010200602.

Lima, M. R. O. (1999). Devido processo legal. Porto Alegre: Editora Safe.

Lordelo, J. P. (2022). Constitucionalismo digital e devido processo legal. Editora Juspodium.

Lordelo, J. P. & Teixeira, R.C.P. (2022). Devido processo legal: uma história e uma proposta. Revista de Processo, 333(47).

Lordelo, J. P. (2021). Algoritmos e direitos fundamentais: riscos, transparência e accountability no uso de técnicas de automação decisória. Revista Brasileira de Ciências Criminais, 186.

Machado, R. C. R. & Ferreira, D. C. (2022). Exclusão de usuários de aplicativos de transporte e assimetrias relacionais. https://www.migalhas.com.br/depeso/360198/exclusao-de-usuarios-de-aplicativos-de-transporte

Magrani, E. (2018). A internet das coisas. Fgv Editora.

Maranhão, J. S. de A., & Campos, R. (2021). Fake news e autorregulação regulada das redes sociais no Brasil: fundamentos constitucionais. In Fake news e regulação. Thomson Reuters Revista dos Tribunais.

Marinoni, L. G. Mitidiero, D., & Sarlet, I.W. (2018). Curso de direito constitucional. Saraiva.

Marrafon, M.A. & Medon, F. (2019). Importância da revisão humana das decisões automatizadas na Lei Geral de Proteção de Dados. Revista online Consultor Jurídico.

Marzinotto, F. L. (2022). Estados e mercado na era do big data: oligopolização das big techs e a política norte-americana nos governos obama e trump (2009-2021) [Dissertação de Mestrado. Universidade Federal do Rio de Janeiro].

Mattos, S. L. W. (2008). A funcionalidade do devido processo legal: devido processo substantivo e justo processo civil na Constituição da República Federativa do Brasil de 1988 [Tese de Doutorado, Universidade Federal do Rio Grande do Sul].

Mendes, G. F. & Fernandes, V. O. (2020). Constitucionalismo digital e jurisdição constitucional: uma agenda de pesquisa para o caso brasileiro. Revista Justiça Do Direito, 34(2), 6-51. https://doi.org/10.5335/rjd.v34i2.11038

Mendes, G. F. (1994). A proporcionalidade na jurisprudência do Supremo Tribunal Federal - Direitos Fundamentais e controle de constitucionalidade: estudos de direito constitucional. Repertório IOB jurisprudência: tributário, constitucional e administrativo nº 23.

Mendes, G. F. (2013). O princípio da proporcionalidade. Curso de direito constitucional. Saraiva.

Mendes, G. F. (2018). Comentários ao art. 5º, LIV. Comentários à Constituição do Brasil. Saraiva.

Mendonça, Y. C. (2021). Responsabilidade e Transparência na prática: aprimoramentos necessários ao PL 2630/2020. https://portal.fgv.br/artigos/responsabilidade-e-transparencia-pratica-aprimoramentos-necessarios-ao-pl-26302020#_ftn9

Mesquita, G. F. (2006). Devido processo legal em seu sentido material: breves considerações. Revista de informação legislativa, 43 (170).

Mitidiero, D. (2015). Colaboração no processo civil: pressupostos sociais, lógicos e éticos. Revistas dos Tribunais.

Mittelstadt, B. D., Allo, P., Floridi, L., Yaddeo, M. R. & Wachater, S. (2016). The Ethics of Algorithms: Mapping the Debate. Big Data & Society, 3(2). 10.1177/2053951716679679

Monteiro, R. L. (2018). Existe um direito à explicação na lei geral de proteção de dados do Brasil? Instituto Igarapé. Artigo estratégico nº 39.

Mostert F. (2016). Digital Due Process: a need for online justice. Journal of Intellectual Property Law & Practice, forthcoming. SSRN: https://ssrn.com/abstract=3537058

Nelson, A., Friedler, S., Fields-Meyer, A. (2022). Blueprint for an AI Bill of Rights: A Vision for Protecting Our Civil Rights in the Algorithmic Age. https://

www.whitehouse.gov/ostp/news-updates/2022/10/04/blueprint-for-an-ai-bill-of-rightsa-vision-for-protecting-our-civil-rights-in-the-algorithmic-age/

Nery Jr., N. (2004). Princípios do Processo Civil na Constituição Federal. Revista dos Tribunais.

Nery Jr., N., Nery, Andrade, R. M. A. (2019). Constituição Federal comentada. Revistas dos Tribunais.

Nunes, D. & Morato, O. (2021). A explicabilidade da inteligência artificial e o devido processo tecnológico. https://www.conjur.com.br/2021-jul-07/opiniao-explicabilidade-ia-devido-processo-tecnologico

Nunes, D. & Morato, O. (2023) O uso da inteligência artificial explicável enquanto ferramenta para compreender decisões automatizadas: possível caminho para aumentar a legitimidade e confiabilidade dos modelos algorítmicos? Revista Eletrônica do Curso de Direito da Universidade Federal de Santa Maria, 18(1).

O Globo. (2016). Robôs que julgaram concurso de beleza não gostam de negros. phttps://oglobo.globo.com/economia/robos-que-julgaram-concurso-de-beleza-nao-gostam-de-negros-20077407

Orwat, C. (2019). Risks of Discrimination through the Use of Algorithms. Federal Anti-Discrimination Agency.

Pádua, F. B. S. (2022). Uma revisão necessária da eficácia dos direitos fundamentais nas relações privadas: o constitucionalismo digital e a jurisdição constitucional. Revista de Direito e as Novas Tecnologias, 5(12\4).

Pereira, C. N. (2009). A eficácia horizontal das garantias fundamentais. Themis Revista da Esmec, 7(1). https://doi.org/10.56256/themis.v7i1.149

Pereira, R. N. (2005). O princípio do devido processo legal substantivo. Rio de Janeiro: Renovar.

Pereira, S. T. (2007). Devido Processo Substantivo. Revista Eletrônica Direito e Política, 2(3).

Ramos, J. G. G. (2007). Evolução Histórica do Devido Processo Legal. Revista da Faculdade de Direito UFPR. http://dx.doi.org./10.5380/rfdufpr.v46i0.14975.

Riemenschneider, P. S. & Mucelin, G. A. B. (2021). Internet das coisas, decisões automatizadas e o direito à explicação. Revista da Faculdade de Direito da Universidade Federal de Uberlândia, 49(1). https://doi.org/10.14393/RFADIR-v49n1a2021-56135

Sarlet, I. W. (2012). A eficácia dos direitos fundamentais: uma teoria geral dos direitos fundamentais na perspectiva constitucional. Porto Alegre: Editora Livraria do Advogado.

Sarmento, D. & Gomes, F. R. (2011). A eficácia dos direitos fundamentais nas relações entre particulares: o caso das relações de trabalho. Revista TST, 77, (4).

Schmidt, G. R. (2021). A era Lochner. chttps://www.migalhas.com.br/depeso/344479/a-era-lochner

Silva, R. G. e Silva, M. G. B. (2021). O contraditório e a ampla defesa nas redes sociais virtuais.https://www.conjur.com.br/2021-ago-27/opiniao-contraditorio-ampla-defesa-redes-sociais-virtuais

Silveira, L. L. (2015). Uso justo ou violação? Controvérsias sobre direitos autorais no YouTube. Rio de Janeiro. Anais do XXXVIII Congresso Brasileiro de Ciências da Comunicação. http://portalintercom.org.br/anais/nacional2015/resumos/R10-0707-1.pdf

Silvestre, N. C. C. (2023). As garantias do devido processo no âmbito dos procedimentos de moderação de conteúdo pelas plataformas digitais. Revista de Processo, 337/2023.

Suzor, N. (2018). Digital Constitutionalism: Using the Rule of Law to Evaluate the Legitimacy of Governance by Platforms. Social Media + Society. https://doi.org/10.1177/2056305118787812

Tavares, A. R. (2017). Curso de direito constitucional. Saraiva.

Teubner, G. (2017). Horizontal Effects of Constitutional Rights in the Internet: A Legal Case on the Digital Constitution. The Italian Law Journal, 3(1).

The Intercept. (2021). Patentes da Uber revelam testes com algoritmos para identificar motoristas perigosos. https://www.intercept.com.br/2021/11/12/uber-algoritmo-motoristas-perigosos/#:~:text=Patentes%20da%20Uber%20revelam%20testes,podem%20refor%C3%A7ar%20preconceitos%20e%20desigualdades

Tucci & Cruz e Tucci. (1989). Constituição de 1988 e processo. Saraiva.

Urban, J. M., Karaganis, J. & Schofield, B. L. (2016). Notice and takedown in everyday practice Rochester, NY: Social Science Research Network.

Vasquez, M. & Carvajal, N. (2020). Trump insinua que pessoas deveriam votar 2 vezes para testar sistema eleitoral. https://www.cnnbrasil.com.br/internacional/trump-insinua-que-pessoas-deveriam-votar-2-vezes-para-testar-sistema-eleitoral/

Vaz, H. C. L. (1999). Escritos de Filosofia IV: Introdução à Ética Filosófica. Loyola.

Véliz, C. (2021). Privacy is power. Why and how you should take back control of your data. Bantam Press

Venturi, T. G. P. (2020). A state action doctrine norte-americana e a eficácia horizontal dos direitos fundamentais nas relações privadas no Brasil. https://www.migalhas.com.br/coluna/direito-privado-no-common-law/335023/a-state-action-doctrine-norte-americana-e-a-eficacia-horizontal-dos-direitos-fundamentais-nas-relacoes-privadas-no-brasil

Villani, C., Schoenauer, M., Bonnet, Y., Berthet, C., Cornut, A. C., Levin, F., Rondepierre, B. (2018). Donner uns sens à li'intelligence artificielle: pour une stratégie nationale et européenne. Mission Villani sur l'intelligence artificielle. 978-2-11-145708-9. <hal-01967551>

Wachter, S., Mittelstadt, B. & Floridi, L. (2017). Why a Right to Explanation of Automated Decision-Making Does Not Exist in the General Data Protection Regulation. International Data Privacy Law, 7. Doi:10.1093/idpl/ipx005

Wasserman, R. (2004). Procedural Due Process – a reference guide to the United States Constitution. Connecticut: Greenwood Publishing Group.

Wichowski, A. (2020). Com imenso poder econômico, "big techs" atuam como governos. https://www.infomoney.com.br/colunistas/um-brasil/com-imenso-poder-economico-big-techs-atuam-como-governos/

West, S. M. (2018). Censored, suspended, shadowbanned: User interpretations of content moderation on social media platforms. New Media & Society. Advanced online publication. 10.1177/1461444818773059

REGULAMENTAÇÃO DA INTELIGÊNCIA ARTIFICIAL NO PANORAMA INTERNACIONAL

Autores:

Priscila Caneparo dos Anjos

Marcelo Ribeiro de Araujo Filho

INTELIGÊNCIA ARTIFICIAL NO ÂMBITO INTERNACIONAL

Atualmente, a utilização da Inteligência Artificial Generativa pelas pessoas tem sido constantemente destinada para compartilhar conteúdos de entretenimento pelos internautas nas redes sociais e montagens para "diversões"; pode-se considerar o uso destes para fins genéricos e pouco relevantes quando tratamos do avanço da sociedade, deixando apenas o senso de normalização desta ferramenta. O que torna fundamental para projeções de um futuro tecnológico e automatizado, mas, para isso, devemos compreender como a IA pode atingir este fim dentro de padrões necessários para sua implementação em diversos países do mundo, seja de maneira interna ou externa, tanto na área privada como na pública.

É notório que, assim como o desenvolvimento de outras tecnologias, a essencialidade da absorção de dados dos usuários e de suas atividades acabam por tornar a funcionalidade de seus softwares mais eficientes, proporcionando um grande impulso para resultados mais refinados. Em conjunto com a ferramenta "Machine Learning", a inteligência artificial generativa tem a capacidade de aprimorar-se de maneira autônoma, com o princípio de que, quanto mais esta coleta informações ao decorrer do uso, mais o sistema consegue se atualizar de maneira eficiente, principalmente funções para criação de conteúdo sintético em grau sofisticado e realístico.

Sob a ótica dos setores tecnológicos das nações, a IA atraiu a atenção para direcionar recursos a fim de evoluir seus sistemas e dinâmicas da máquina estatal. Contudo, o fomento para tal engrandecimento não foi tão bem estabelecido no âmbito internacional, razão pela qual perdura o desvio de finalidade deste mecanismo e o uso irresponsável da mesma, tendo em vista a carência de uma diretriz específica.

O emprego da IA Generativa tem sido alvo até mesmo de marketing político para promover cenários almejados, como por exemplo o vídeo feito por IA, divulgado no final do mês de fevereiro de 2025, por Donald John Trump, Presidente dos Estados Unidos da América, em suas redes sociais, ao qual idealiza o fim do conflito na Faixa de Gaza, situada na fronteira de Israel com o Egito, banhada pelo Mar Mediterrâneo, tornando-se um ponto turístico após ser reconstruída com iniciativa da intervenção norte americana, sendo considerada uma espécie de "projeto", com a figura de Trump em pessoa, distribuindo riquezas para os palestinos, em uma espécie de resort, com lanchas atracadas, empreendimentos de luxo e junto com figuras de seu governo.

Nesse contexto, é notório que essa projeção feita por IA, publicada por Trump, gerou uma repercussão negativa e muita polêmica, sendo uma afronta a memória do povo que vive na Gaza, ao qual é vítima de um enorme genocídio, fruto de uma disputa política e territorial entre Israel e a organização política militar Hamas. Ao divulgar este pensamento político, demonstra indiferença e uma ofensa à dignidade cultural deste povo, causando grande controvérsia nas mídias sociais e canais de notícias do mundo todo. Vale evidenciar, que as autoridades e representantes de Estado devem ser exemplos de idoneidade moral, retendo credibilidade para empregar de maneira segura a inteligência artificial.

O desvio de finalidade anteriormente citado, em uma concepção moral e ética, não seria a função da IA. O mecanismo deveria ser utilizado para projetar o bem-comum, respeitando a dignidade da pessoa humana, as figuras dos sujeitos internacionais e a cultura de cada povo; proporcionando nesse fluxo, uma evolução histórica que será provavelmente uma das bases para o desenvolvimento da raça humana. Logo, esta realidade idealizada ainda se encontra em ascensão, porém, os governos vêm adotando recentemente, projetos para integração da IA na estrutura de seus órgãos e divisões; estes que devem ser regidos por uma regulamentação adequada, com proteção de dados pessoais e uma responsabilização mais ostensiva quanto ao seu uso para fins ilícitos.

Segundo o jurista inglês Thomas Hobbes (2014, p.94), em sua obra "Leviatã", podemos interpretar a concepção de que a natureza humana seria o emprego da violência para conseguir satisfazer suas paixões e pecados, quando este vive em seu estado de natureza. Desta maneira, pode-se elucidar que estamos em um constante conflito interno ao lidar com os desvios de conduta aos quais nos tornam egoístas, individualistas e movidos por pecados disfarçados por paixões que nem sempre condizem com a moralidade.

Nessa perspectiva, quando um indivíduo movido por suas intenções egoístas tende a cometer crimes para satisfazer suas próprias vontades, independentemente se afeta o direito de outrem, acaba ultrapassando os limites do ordenamento jurídico. Para piorar a situação, este tende a agir de modo litigioso e utiliza meios aos quais facilitam o seu acesso para cometer delito, algo que afronta a figura de moralidade do ser humano, por exemplo, o uso da inteligência artificial no cotidiano, o que acabou por gerar um aumento de crimes cibernéticos e consequentemente deepfakes (falsidades profundas, as quais são difíceis de identificar sem uma averiguação mais criteriosa), tendo em vista que seu mecanismo pode criar documentos, imagens, vídeos, bem como distorcer os já existentes, com comandos e combinações indicados pelo próprio usuário, no caso o agente do delito.

É previsível que a inteligência artificial pode acabar aumentando e aprimorando alguns tipos de delitos, como por exemplo, estelionato, difamação, pedofilia e registro não autorizado da intimidade sexual, aos quais são potencialmente preocupantes, tendo em vista a falta de responsabilização dos indivíduos que cometem este ilícito mediante IA, bem como das grandes empresas, as quais disponibilizam no mercado uma ferramenta com vasta variabilidade de funções, não sendo segredo para ninguém, que muitas vezes, pode ser destinada para fins imorais e litigiosos. A inteligência artificial deve conter especificações pré-estabelecidas para coordenar o fomento de maneira idônea e responsável, gerando uma obrigação vinculativa, tanto dos usuários quanto das empresas, seja em caráter criminalista ou para garantir a responsabilidade civil objetiva (com vista a ciência da extensão semeadora que pode ter em relação às atividades ilícitas mediante o uso da IA).

Logo, é notório que a capacidade da inteligência artificial para o desenvolvimento científico está marcada pela rapidez no processamento de dados e estatísticas, através da aprendizagem em sua estrutura interna (machine learning). Contudo, vale salientar que a IA pode trazer problemas para o estado democrático de direito, assim como pode inflamar ainda mais a competitividade entre os países que buscam implementar a IA em seus governos, seja no setor econômico, político ou militar. Trata-se uma destinação da inteligência artificial para fins desastrosos, podendo abalar significativamente o poderio militar de uma nação em relação a outras.

Nesse aspecto, o uso da inteligência artificial para desenvolvimento de armas militares seria apenas mais um desvio de função, já que sua finalidade seria atingir em massa povos e nações, causando danos desproporcionais e hediondos. O conflito armado aprimorado pela IA seria uma alavanca para retroagir significativamente o equilíbrio e disputas de poder, restando prejudicada a paridade nas relações internacionais. Para fim de manter a dignidade da pessoa humana e a vida, um dos bens jurídicos mais importantes, o ideal seria proibir a destinação da IA para desenvolvimento de armamento bélico e para vigilância militar, com o intuito de afastar a possibilidade de impactos severos à esfera mundial e atentados contra a vida.

Contudo, este conceito é pouco provável de acontecer e ser seguido pelos países, pois há ainda a justificativa de segurança nacional e internacional. Infelizmente, o mundo é mais complicado do que deveria ser, tendo em vista que as relações humanas são imprevisíveis. Assim como destacado anteriormente na concepção de Hobbes, a natureza humana é corrompida por paixões e egoísmos quando não são organizadas socialmente para afastar o sentimento de anarquia, devendo agora os Estados voluntariamente tomarem entendimento do que é moralmente conveniente, o que não impede a promoção de comportamentos, para que assim possam ser internalizados códigos de condutas e regulamentações necessárias para fomento da inteligência artificial.

A cooperação internacional entre as nações tem importância de distinta consideração quando tratamos desse assunto. As organizações internacionais existem para que os conflitos possam ser resolvidos com diplomacia, igualdade e, acima de tudo, garantir a paz mundial. Portanto, quando tratamos do uso de má-fé da inteligência artificial, seja para ilícitos penais ou para fins militares, resgata-se a ideia em caráter prioritário de que o direito internacional deve lutar pela sua existência, deixando claro que a dignidade da pessoa humana e a harmonia nas relações internacionais merecem ser evidenciadas novamente, de maneira que as injustiças não passem despercebidas e a proteção dos direitos universais possam ter credibilidade com a prática do cotidiano, sem desviar as vistas aos problemas e atentados que fragilizam a segurança internacional, assim como acordos consolidados.

A fim de preservar o equilíbrio no mundo, seria importante as organizações internacionais discutirem o assunto para convencionar tratados oriundos do tema de inteligência artificial e para manter aqueles consagrados por preservar os direitos humanos. Assim como previsto no art. 1º da Carta das Nações Unidas, esta é uma base de reconhecimento dos propósitos legais de cooperação entre as nações unidas, impedindo fracassos que resultem um efeito em cadeia, afetando todas as pessoas e direitos vinculativos que fazem parte da estrutura do direito internacional. Nela repousamos confiança para que seja o alicerce da justiça e lugar de isonomia àqueles que acreditam em manter a paz mundial inabalável.

> "ARTIGO 1 - Os propósitos das Nações unidas são:
>
> 1. Manter a paz e a segurança internacionais e, para esse fim: tomar, coletivamente, medidas efetivas para evitar ameaças à paz e reprimir os atos de agressão ou outra qualquer ruptura da paz e chegar, por meios pacíficos e de conformidade com os princípios da justiça e do direito internacional, a um ajuste ou solução das controvérsias ou situações que possam levar a uma perturbação da paz;
>
> 2. Desenvolver relações amistosas entre as nações, baseadas no respeito ao princípio de igualdade de direitos e de autodeterminação dos povos, e tomar outras medidas apropriadas ao fortalecimento da paz universal;
>
> 3. Conseguir uma cooperação internacional para resolver os problemas internacionais de caráter econômico, social, cultural ou humanitário, e para promover e estimular o respeito aos direitos humanos e às liberdades fundamentais para todos, sem distinção de raça, sexo, língua ou religião; e"

Sob essa ótica, para manter a paz e a segurança internacional, é preciso negociar a responsabilidade ética ao promover inovações tecnológicas vinculadas à inteligência artificial. Os pilares sociais, culturais e políticos devem ser pressupostos de modelo e de preservação à soberania dos Estados; conduta que deve ser universalizada e adotada pelos Chefes de Estados. Vale recordar que a criação de uma Corte Internacional especializada neste assunto seria de suma importância para que, assim, possam ser pautadas as seguranças tecnológicas e sancionadas infrações graves que afrontam princípios humanitários pelos sujeitos do direito internacional.

Inteligência Artificial no Âmbito do Direito Internacional

Pelo exposto, segundo a obra publicada pela renomada universidade de Oxford (Oswlad et al, 2010, p.72), denominada de "Documents On The Law Of Un Peace Operations", destacando em sua parte comentada a Declaração Universal de Direitos Humanos, como um documento que determina aos países membros o dever de promover e proteger os direitos humanos sob seu respectivo território, devendo, ainda, buscar instrumentos para acolher dignamente os direitos inerentes de todas as pessoas sem qualquer distinção.

> As a document, the UDHR signalled rights that each State should strive to promote and protect for its own people and the peoples of territories under its jurisdiction. In essence, the UDHR affirmed the inherent dignity and worth of every person in the world without distinction. The UDHR is now considered the foundation document of international human rights and has led directly to the adoption of numerous other human rights treaties and instruments relating to human rights. (Oswlad et al, 2010, p.72)[1]

Assim, é plausível presumir que, em conformidade com a Declaração Universal de Direitos Humanos, o Brasil e outros Estados-Membros vinculados à este documento devem mediar esforços para inteirar em suas políticas

---

1 "Como documento, a DUDH assinalou direitos que cada Estado deve se esforçar para promover e proteger para seu próprio povo e para os povos dos territórios sob sua jurisdição. Em essência, a DUDH afirmou a dignidade e o valor inerentes a cada pessoa no mundo, sem distinção. A DUDH é agora considerada o documento fundamental dos direitos humanos internacionais e levou diretamente à adoção de inúmeros outros tratados e instrumentos de direitos humanos relacionados a esses direitos." (Versão traduzida em PT-BR com o auxílio do Google Translate).

públicas e no âmbito internacional a regulamentação da inteligência artificial quando tratamos de segurança, proteção de dados, bem como convencionar em seus tratados a indisponibilidade da dignidade da pessoa humana ao empregarem as funcionalidades do software em vigência. Com este critério, é possível nortear o futuro de maneira coesa, a fim de corrigir erros e moldar as ramificações evolutivas da inteligência artificial, almejando um cenário sólido que respeite os direitos inerentes da pessoa humana e obrigações delimitadoras de abusos.

Em cumprimento deste dever universal, o Conselho da Europa firmou o primeiro tratado de Inteligência Artificial no dia 5 de setembro de 2024, organizado pelo Ministério da Justiça da Lituânia, contando com a assinatura de 57 países, referenciado como Convenção-Quadro sobre Inteligência Artificial e Direitos Humanos. No tratado, avaliam os riscos da inteligência artificial, estabelecem princípios e articulam o uso responsável desta inovação; de tal maneira que se concretiza toda a matéria de direitos humanos anteriormente destacada para que, assim, possa ser providenciada uma cooperação jurídica internacional e a prevalência dos valores morais conjeturados.

Ao ser firmada a convenção sobre inteligência artificial, evidencia-se ainda mais a vontade das nações de manter relações multilaterais em conformidade com os princípios que regem os direitos humanos. A contribuição para manter a paz e equilibrar a cooperação jurídica internacional resplandece a representatividade da dignidade humana, a qual rege sobre todos e assim deve ser mantida para que alcancemos um futuro nobre e repleto de idoneidade entre as pessoas, o que seria a realização de um grande feito, já que enfrentamos tempos difíceis de pouca empatia entre as pessoas, nos quais a luxúria e egoísmo tomam conta de suas ações.

Esta patologia social deve ser corrigida para estabilizar uma concepção moral coerente com a justiça. Nesse sentido, a regulamentação da inteligência artificial convencionada entre os Estados serve de modelo para aqueles que almejam legislar sobre a promoção responsável deste serviço; ademais, vale lembrar que os projetos de lei ainda não aprovados pelo Congresso Nacional, tanto do Brasil como também de outras nações, podem ter como referência a funcionalidade e as intenções já vigentes no âmbito internacional com o intuito de preservar a integridade da soberania de cada Estado, juntamente ao seu povo.

A esperança de alcançar uma previsibilidade das relações interpessoais e internacionais necessitam de uma dedicação unificada de princípios para mediar esforços que optem pelo sucesso da integração da inteligência artificial em nossa realidade. Estreitar as relações diplomáticas e conduzir uma política individualista dificulta significativamente o propósito de ampliar os direitos humanitários. Desta maneira, a comunicação de boa-fé, o respeito ao estado de direito e a priorização dos direitos humanos são as diretrizes regentes que nos afastam do egoísmo e da tirania, com margem maior para a democracia.

Convenção-Quadro do Conselho da Europa sobre Inteligência Artificial e Direitos Humanos, Democracia e Estado de Direito

Sob a ótica de garantir os esforços conquistados quando tratamos de direitos natos da pessoa humana, o primeiro tratado de inteligência artificial priorizou normatizar este compromisso de maneira expressa. Fulcro no artigo 1º, para fim de consolidar o objetivo da Convenção-Quadro do Conselho da Europa sobre Inteligência Artificial, ao qual tende a estabelecer a inafastabilidade dos direitos humanos, a democracia e o estado de direito; tal como a vinculação de todos que aderiram manter este tratado, adotando medidas administrativas para mediar a delimitação necessária, minimizando possíveis impactos que poderiam estremecer as bases que sustentam o equilíbrio das relações.

Logo, as partes do tratado acordam em proteger os direitos humanos, mas além disso, como abordado anteriormente, em seu artigo 5º, inciso I, tem como objetivo proteger a democracia e a eficácia das leis;=, já que a segurança jurídica e internacional são imperiosas para o funcionamento de um estado de direito. Assim como a seguir transcrito:

> "Each Party shall adopt or maintain measures that seek to ensure that artificial intelligence systems are not used to undermine the integrity, independence and effectiveness of democratic institutions and processes, including the principle of the separation of powers, respect for judicial independence and access to justice." (CETS 225, 2024, p.4)

A principiologia no ramo do direito nos permite ramificar condutas e solucionar conflitos nos quais a interpretação com base na essência do que é de direito proporcionará, não somente o equilíbrio momentâneo, mas sim uma flexibilidade no dispositivo legal, que pode adaptar-se a mutação advinda do tempo e lacunas normativas. Segundo o renomado filósofo grego Aristóteles (2024, p.6), em sua obra "Ética Nicômaco", define de maneira ampla a importância de definir princípios de maneira justa, assim como descreve:

> (...) princípios são estudados por indução, outros por percepção, outros por alguma forma de hábito e outros de diferentes maneiras; portanto, devemos nos esforçar para chegar aos princípios de cada espécie em sua maneira natural, e também devemos ter o cuidado de defini-los corretamente (...). (Aristóteles, 2024, p.6).

Consoante ao destacado, com a evolução da sociedade, foram estabelecidos corretamente os princípios que protegem os indivíduos com base na igualdade, dignidade, privacidade, entre outros; estes que nos pertencem desde a concepção, sendo direitos fundamentais que garantem a inviolabilidade sem justa causa, bem como atos atentatórios à pessoa humana e ao ordenamento jurídico. Nessa perspectiva, um tratado deve possuir princípios explícitos para rechaçar quaisquer indícios que propiciem um retrocesso às lutas e revoluções que alcançaram direitos para todos.

Com isso, no Capítulo III desta convenção, são enumerados princípios para melhor segurança internacional, ficando explícito a mobilização a fim de asseverar a dignidade da pessoa humana, a transparência, a supervisão das atividades, a prestação de contas, a responsabilização de atos que impactam diretamente as bases do tratado (direitos humanos, estado de direito e a democracia), a equidade (para garantir que todos possam ter acesso, sem qualquer discriminação, preservando um tratamento justo e imparcial), a privacidade dos usuários, a proteção de dados pessoais, a confiabilidade; e também dispor a promoção da inovação tecnológica de maneira uniforme, sem que ofereça riscos (desenvolvimento em um ambiente controlado e supervisionado).

Para que justiça paire sob os infratores destes preceitos, é necessário que cada país tome medidas cabíveis a fim preservar e punir ilegalidades advindas da inovação tecnológica (IA). Assim como estabelecido no Capítulo IV da convenção, a qual propõe medidas necessárias para solucionar conflitos e formalizar remédios normativos no sistema que regulamenta a inteligência artificial ao lado de garantias processuais, de mesmo modo que as partes do tratado possuem obrigações ao integralizar a inovação em suas estruturas, classificando riscos, grau de periculosidade, mitigação de impactos e prevenção destes, sem contar a regulamentação que indicará os requisitos para desenvolvimento da IA, com a devida identificação, finalidade, registros e administração de potenciais riscos, conforme disposto no Capítulo V.

Para melhor comunicação dos integrantes do tratado, é necessário que cada um escolha seu representante para fazer parte da "Conferência das Partes", ao qual poderá ser convocado pelo Secretário-Geral do Conselho da Europa, pela maioria das Partes ou pela maioria do Comité de Ministros, os quais serão reunidos e lograrão expor suas questões a respeito da inteligência artificial, inclusive para facilitar a cooperação entre os interessados. De um modo mais específico, a discussão de problemas, projetos, complementos da convenção, desenvolvimento e outras pendências essenciais para valer os termos convencionados. Isto resumidamente, é claro, tendo em vista que existem outras atividades listadas nos termos do artigo 23 da convenção.

Entretanto, vale ressaltar como a cooperação internacional é valorosa em diversos aspectos, demonstra não somente boas intenções, mas uma unificação de forças, o que torna as relações entre nações mais próximas e de maior confiabilidade. Nesse sentido, a mobilização para melhor atender o interesse de todos encontra-se ancorado na transparência quando tratamos do assunto inteligência artificial, para que assim não seja deteriorado o princípio da boa-fé. Sob essa ótica, ficou previamente fixado que cada parte da convenção terá a obrigação de remeter um relatório à "Conferência das Partes", dentro de 2 (dois) anos ao tornarem-se membros do tratado; após isso, periodicamente, ao qual deverão descrever suas atividades realizadas, como disposto no artigo 24.

Para fim de efetivação dos termos acordados, o tratado figura as nações como responsáveis para institucionalizar mecanismos que tenham capacidade de supervisionar de maneira efetiva e sem interferências de outras divisões, para que assim possam exercer suas atividades de monitoramento sob uma perspectiva imparcial; contudo, deverá manter relação com os mecanismos que garantem os direitos humanos, ou seja, seus esforços de funcionalidade serão coordenados com homogeneidade, tal como consta no artigo 26.

Ademais, é notório que conflitos de interesse e diferentes interpretações do tratado são possibilidades que podem causar atrito e desgaste entre os Estados. Para isso, a convenção propõe que as divergências sejam solucionadas por meio da negociação ou qualquer outro meio pacífico com o intuito de mediar alternativas que sejam adequadas às necessidades de cada parte, conforme artigo 29.

Com isso, é cristalino que inteligência artificial possui um vislumbre quanto ao futuro da humanidade. Portanto, enfrentar os problemas que ela pode causar e controlar qualquer tipo de desvio de finalidade quando abordamos esta inovação permite conduzir sua evolução em benefício da sociedade sem colocar em risco os direitos humanos, os quais são ameaçados cotidianamente pela falta de normatização adequada para fomento, bem como para responsabilização de ilegalidades, razão pela qual a IA necessita de uma supervisão contínua com qualificação necessária para manter protegida a dignidade humana. De mesmo modo, disponibilizar acesso à justiça pelos danos que esta pode causar, tendo em vista que sua margem de atuação precisa ser revisada para não ser objeto de usuários de má-fé, muito menos isenta de uma punição apropriada.

Pelo exposto, a Convenção-Quadro que trata sobre inteligência artificial demonstra um interesse das nações em fomentar a atividade, proteger os direitos humanos, o estado de direito e a democracia; o que otimiza a expectativa de incentivo para que outros Estados soberanos adotem, em seu ordenamento jurídico, medidas para lidar com esta inovação tecnológica em caráter prioritário, em face do pequeno lapso temporal que a IA consegue aprimorar-se, acelerando cada vez mais a capacitação interna para acompanhar tais mudanças no cenário atual.

Importância da inovação para o futuro

É notório que se forem seguidos os princípios éticos e morais, logo teremos regulamentações necessárias na legislação de cada nação. Com preceitos de manuseio da inteligência artificial, além de sanções em caso de desvio de finalidade, seja para invasão de privacidade até os crimes mais reincidentes do período que vivemos.

De modo que, o planejamento dos poderes para lidar com esta inovação tecnológica fica cada vez mais próxima de ser aplicada, tendo em vista a evolução exponencial e avanço das relações comerciais internacionais. Para isso, a competitividade também será um dos fatores cruciais para padronização de um regimento; combatendo, desta maneira, os problemas que a inteligência artificial proporciona ao estado de direito, bem como para fortificar o piso dos benefícios aos quais merecem destaque, já que poderiam contribuir significativamente com à área medicinal e atividades de risco na tutela da pessoa humana; apenas evidencia que a IA deve ser educada para fins lícitos e supervisionada com a finalidade de controle.

Por fim, a sociedade sofre mudanças constantemente, então não se pode reduzir a atenção nesta nova etapa. Vale considerar os históricos de mudanças que a tecnologia pode trazer à comunidade mundial, sendo dever do Direito amparar as carências derivadas de tal inovação, coordenando de maneira segura e diluída as alterações do meio social, político e econômico; aos quais sempre sofrem perdas quando não tutelados com respectiva importância, mas podem ser remediados com um planejamento qualificado e em prol de um bem maior.

REFERÊNCIAS

Aristóteles. (2024). Livro I - Trato do bem, do agir humano e das escolhas. In V. Chichurra (Org). Ética a Nicômaco. (pp.1-13). Vozes.

Carraro, F. (2023). Como a inteligência artificial aprende? Inteligência artificial e ChatGPT: da revolução dos modelos de IA generativa à engenharia de prompt. Casa do Código.

Conselho Europeu. CETS nº 225. (2024, 5 de setembro). Convenção-Quadro sobre Inteligência Artificial e Direitos Humanos, Democracia e Estado De Direito (pp.1-12). https://rm.coe.int/1680afae3c

Dias, A. F. P.; Guimarães, J. A. S. A.; & Alves, R. V. S. (org.). (2023). Os direitos humanos e a ética na era da inteligência artificial (pp.8-17). Foco.

Hobbes, T. (2014). Capítulo XIII – Da Condição Natural do Gênero Humano no que Concerne à sua Felicidade e à sua Desgraça. Leviatã (pp.94-98). Ícone.

Knihs, K. K. (2020). Conceito de Direito e Sociedade Internacional. Direito internacional público. Contentus.

Lacerda, B. T. Z. (2022). A Regulamentação Jurídica da Inteligência Artificial. Estatuto jurídico da inteligência artificial: entre categorias e conceitos, a busca por marcos regulatórios. Foco.

Machado Segundo, H. B. (2023). Direito e inteligência artificial: o que os algoritmos têm a ensinar sobre interpretação, valores e justiça. Foco.

Organização das Nações Unidas. Capítulo I: Propósitos e Princípios. Carta das Nações Unidas. Assinada em 26 de junho de 1995. https://www.oas.org/dil/port/1945%20Carta%20das%20Na%C3%A7%C3%B5es%20Unidas.pdf

Oswald, B; Durham, H; & Bates, A. (2010). Universal Declaration of Human Rights. Documents On The Law Of Un Peace Operations. Oxford University Press Inc.

Pardal, R. F. C. (2024). Princípios. Manual de Direito Penal - Parte Geral (pp.53-87). Rideel.

Seixas, P. H. P. (2024). Dworkin e a Necessidade de Enxergar o Direito como Integridade. O uso da inteligência artificial em decisões judiciais. Dialética.

Kemer, T. (2020). Cooperação Prática I. Cooperação internacional (pp.30-40). Contentus. E-book.

Nogueira, R. F. (2022). Capítulo 4: O Direito dos Tratados. Direito internacional. (pp.22-34). Rideel.

CONSIDERAÇÕES SOBRE INTELIGÊNCIA ARTIFICIAL E O DIREITO DE EXPLICAÇÃO DAS DECISÕES AUTOMATIZADAS NA LEI GERAL DE PROTEÇÃO DE DADOS (LGPD) E NO REGULAMENTO EUROPEU DE PROTEÇÃO DE DADOS (GDPR)

Autora:

Heloisa Rodrigues da Rocha

O avanço da tecnologia nas últimas décadas do século XX e nas décadas iniciais do século XXI resultou no crescente uso das tecnologias da informação (TI) nos mais diversos setores da economia e da sociedade, trazendo inúmeros benefícios, bem como criando profissões e mercados. Exemplos dessas inovações são as decisões automatizadas, baseadas ou não em inteligência artificial, que a cada dia estão mais disseminadas, tanto no Brasil quanto em outros países.

Todavia, nos últimos anos, muitos estudos e pesquisas nacionais e internacionais têm revelado que também existem riscos no uso desse tipo de decisão, seja por causa de questões discriminatórias, seja por causa da dificuldade na identificação, na compreensão e na correção de erros nessas decisões. Nesse contexto, vários dispositivos legais têm sido positivados no intuito de regular o uso dessas novas tecnologias evitando a ocorrência desses efeitos deletérios, destacando-se o direito à explicação das decisões automatizadas.

O presente capítulo destina-se a discutir o conceito do direito à explicação, tanto no âmbito da Lei Geral de Proteção de Dados (LGPD), quanto no Regulamento Europeu de Proteção de Dados (GDPR), bem como comparar aspectos da positivação desse direito na Europa e no Brasil. Ademais, a análise de tal direito é restrita ao contexto das decisões automatizadas baseadas em inteligência artificial, uma vez que é o tipo de decisão automatizada que traz maiores dificuldades e complexidade para assegurar a efetivação do direito à explicação.

Assim, foi realizada uma pesquisa bibliográfica, em que foram lidos e analisados artigos científicos, livros, decisões judiciais e projetos de lei acerca do referido tema, de modo a subsidiar a comparação ora empreendida entre a LGPD e o GDPR.

DECISÕES AUTOMATIZADAS BASEADAS EM INTELIGÊNCIA ARTIFICIAL

Nas mais diversas atividades econômicas e sociais, é possível incluir o uso da tecnologia em qualquer etapa, para facilitar a realização de tarefas antes feitas manualmente por humanos. Logo, em tese, haveria riscos de efeitos negativos em quaisquer dessas etapas, o que implica na necessidade de observação e regulação por parte do Estado, das próprias empresas e da sociedade, com base em uma perspectiva de análise de riscos e benefícios.

Não obstante, há maiores riscos nos casos em que a tecnologia é o único critério que fundamenta decisões, sobretudo quando a ferramenta computacional ou software utilizado é baseado em inteligência artificial.

Delimitando o conceito de decisão automatizada

A palavra decisão pode ter vários significados, mas, no contexto do presente artigo e das legislações analisadas, ela remete à atividade de analisar dados e informações e, a partir deles, apresentar um resultado com efeitos práticos na vida de pessoas e de empresas.

Existem vários exemplos de fácil visualização: a concessão de um empréstimo bancário; o pagamento de gratificação de professores; a autorização do plano de saúde para a realização de cirurgias; a expulsão de um motorista cadastrado da plataforma de transporte por aplicativo; a concessão de um benefício assistencial ou previdenciário por parte do Estado; o bloqueio de uma conta em uma rede social; a concessão e a fixação do valor da fiança de detentos (O'Neil, 2016; Ferguson, 2017; Rocha, 2020).

Todos esses exemplos citados correspondem a decisões que eram fruto da análise manual, feita unicamente por humanos, até não muito tempo atrás. Contudo, a tecnologia tem sido cada vez mais usada para que tais decisões sejam produzidas automaticamente, isto é, para que um software analise os insumos obtidos e entregue o resultado, que pode ser tão sucinto a ponto de dizer apenas que a resposta é positiva ou negativa.

Dito de outra forma, as decisões totalmente automatizadas são elaboradas por ferramentas computacionais que, seguindo modelos matemáticos e computacionais chamados de algoritmos, fornecem uma resposta com base nos insumos que lhe foram ofertados por humanos ou por outras ferramentas tecnológicas (O'Neil, 2016, Lage, 2021).

Registre-se que há ainda as decisões parcialmente automatizadas, que se encontram no espectro intermediário entre as decisões que são elaboradas exclusivamente por humanos e as decisões que são produzidas exclusivamente pelas máquinas. Todavia, tal tipo de decisões não serão objeto do presente artigo, em que pese suas conclusões possam ser estendidas em certa medida a essas decisões parcialmente automatizadas.

Deste modo, é possível vislumbrar que existam decisões automatizadas baseadas nos mais diversos tipos de tecnologias, variando desde as mais básicas até as mais complexas.

Por exemplo, quando um radar de multas instalado em uma rua fotografa a placa de um carro trafegando a uma velocidade superior ao permitido, o próprio software desse sistema de trânsito emite uma decisão de que tal fato configura uma hipótese de infração de trânsito, implicando na necessidade da impressão e no envio da multa para a residência do proprietário do automóvel. Esse exemplo representa uma decisão automatizada baseada em uma tecnologia de fácil compreensão por parte de qualquer pessoa, não sendo necessário que tenha conhecimentos especializados em tecnologia da informação ou em estatística, por exemplo, uma vez que a multa somente será emitida se o carro apresentou uma velocidade superior a um valor previamente definido pela normatização da localidade.

Contudo, atualmente o tipo de tecnologia que é cada vez mais utilizada para a produção de decisões automatizadas é a inteligência artificial, porque é capaz de realizar análises complexas com celeridade e a um custo cada vez menor (Lage, 2021).

O uso da inteligência artificial nas decisões automatizadas

A inteligência artificial é um ramo da ciência da computação que existe desde a década de 1950, porém que somente foi capaz de ofertar avanços significativos nas últimas décadas, devido ao desenvolvimento da capacidade de processamento dos computadores, a facilitação na obtenção, no armazenamento e na manipulação de grandes quantidades de dados (o notório big data) e a massificação mundial da internet (McCarthy, 2007; Mayer-Schnberger & Cukier, 2013).

Há várias metodologias abrangidas pela inteligência artificial, sendo as mais populares as redes neurais e o aprendizado de máquina (machine learning). As primeiras procuram mimetizar as conexões entre os neurônios para a produção de decisões, enquanto o segundo é baseado em algoritmos que permitem ao sistema computacional reorganizar os insumos de acordo com novos critérios e criar seus próprios caminhos decisórios (Russel & Norvig, 2010).

Cabe assinalar que, pelas características inerentes aos algoritmos baseados em inteligência artificial, não é trivial para os humanos compreenderem todos os aspectos analisados e priorizados pelo sistema, nem entender todos os fatores que foram considerados em cada caminho decisório. Essa dificuldade existe tanto para as pessoas que operam esses sistemas, sejam elas detentoras de algum conhecimento de TI ou não, quanto para os próprios desenvolvedores desses sistemas, que são especialistas em inteligência artificial (O'Neil, 2016; Medon, 2020).

Sem embargo, os resultados concretos obtidos com o uso das decisões automatizadas podem e devem ser analisados, especialmente sob a ótica do Direito Constitucional e dos Direito Humanos.

Possíveis riscos de violação dos direitos fundamentais

Inicialmente o uso de decisões automatizadas baseadas em inteligência artificial estava concentrado nos Estados Unidos da América (EUA) e na Europa. Por isso, os primeiros casos de efeitos negativos dessas decisões surgiram em tais regiões. Com o passar dos anos, contudo, a expansão dessa tecnologia passou a atingir de forma mais veemente os demais países, incluindo o Brasil.

Impende destacar que diversos estudos, nacionais e internacionais, têm demonstrado vários sistemas de decisões automatizadas baseadas em inteligência artificial que produzem decisões com vieses discriminatórios, bem como a ocorrência de erros de análise, seja com falsos positivos ou falso negativos (O'Neil, 2016; Ferguson, 2017; Eubanks, 2018).

Um dos estudos mais disseminados foi realizado nos EUA e revelou que a análise automatizada de concessão de fianças para detentos considera negros mais passíveis de reincidência do que brancos, bem como utiliza como insumo informações sobre quantidade de parentes do detento que também já foram presos, bairro em que mora e dívidas de contas de água e luz (Rocha, 2020).

Esses sistemas reproduzem e ampliam o racismo já existente na sociedade, razão pela qual o chamado racismo algorítmico vem sendo tema de debates e protestos por modificações em todo mundo (Ferguson, 2017; Noble, 2018), inclusive no Brasil, no qual a maioria da população é preta ou parda (Silva, 2022).

Porém, infelizmente a discriminação não se restringe a critérios étnicos. As mulheres também são vítimas desses vieses das decisões automatizadas, sejam as negras (Noble, 2018), sejam as mais vulneráveis economicamente, que têm seus benefícios assistenciais negados por esses tipos de decisões (Eubanks, 2018).

E o mesmo processo se repete com as mais diversas classes sociais, como bem sintetiza pesquisadora do tema há décadas e autora de um livro clássico sobre efeitos deletérios de decisões automatizadas[1] (Eubanks, 2018):

> Apesar desses novos sistemas terem os efeitos mais destrutivos e mortais nas comunidades de baixa renda e de etnia não branca, eles impactam pessoas pobres e de classe média independente da etnia. Enquanto beneficiários de auxílios, desabrigados e famílias pobres encaram o maior peso desse escrutínio de alta tecnologia, eles não são os únicos afetados pelo crescimento de tomada automatizada de decisões. O uso indiscriminado desses sistemas impacta a qualidade da democracia para todos nós.

De fato, o impacto negativo das decisões automatizadas baseadas em IA permeia toda a sociedade e já há exemplos do uso dessas tecnologias até para interferir nas eleições e no próprio Estado Democrático de Direito (Acemoglu, 2022). Nesse contexto, não restam dúvidas de que há o risco de violação de inúmeros direitos positivados e que deveriam ser assegurados a todos. O principal deles é o direito humano à igualdade, positivado no ordenamento brasileiro como o direito constitucional fundamental da isonomia ou igualdade. Isso porque os sistemas que emitem decisões automatizadas baseadas em IA criam critérios arbitrários e discriminatórios para dar tratamento díspar a pessoas que deveriam estar sujeitas ao mesmo regime jurídico. Há também risco de violação a outros direitos fundamentais, como o direito à vida, à liberdade (caso de fixação de fianças), à saúde (caso de planos de saúde), à

---

1 Though these new systems have the most destructive and deadly effects in low-income communities of color, they impact poor and working-class people across the color line. While welfare recipients, the unhoused, and poor families face the heaviest burdens of high-tech scrutiny, they aren't the only ones affected by the growth of automated decision-making. The widespread use of these systems impacts the quality of democracy for us all.

educação (caso de avaliação de professores), ao trabalho (caso de expulsão de motoristas dos aplicativos de transporte) e tantos outros, a depender de qual atividade econômica ou social utiliza esse tipo de decisões automatizadas.

Tal situação é inadmissível, pois afronta à Constituição Federal, em âmbito nacional, e à Declaração Internacional de Direitos Humanos, em âmbito internacional. Em face desse cenário, vários países passaram a discutir formas de regulação a fim de evitar a ocorrência de tais efeitos deletérios no uso dessas decisões e para assegurar o respeito aos direitos fundamentais.

Para além da autorregulação, da definição de boas práticas e de outras iniciativas com enfoque tecnológico, surgiram tentativas de positivar novos direitos para proteger os indivíduos, seja no âmbito das legislações de proteção de dados, seja em legislações dedicadas unicamente à inteligência artificial, visando mitigar riscos e combater os erros das decisões automatizadas (Pasquale, 2020; Partnership on AI, 2021; Lohr, 2022).

Tanto na Europa, quanto no Brasil, os dois principais direitos que foram positivados são: o direito de exigir a revisão das decisões automatizadas e o direito de exigir uma explicação acerca dessas decisões. Em que pese haver pouca doutrina analisando este tema, por ora prevalece o entendimento de que tais direitos são autônomos, ainda que sejam correlacionados em certa medida (Casey et al, 2019; Bioni, Luciano, 2019).

Do ponto de vista da jurisprudência, decisões judiciais na Europa já estão utilizando esses direitos como fundamento jurídico (Rocha, 2023):

> Já há exemplos de decisões em tribunais europeus que envolvem o direito à revisão do art. 22 da GDPR, a exemplo das decisões da Corte Distrital de Amsterdã no caso C/13/696010 /HA ZA 21-81, em 24/2/2021, e no caso C/13/692003/HA RK 20-302, em 11/3/2021. Ambos os processos tratam de nove motoristas cadastrados no aplicativo Uber e que foram banidos dessa plataforma sob a justificativa de que o sistema identificou possíveis fraudes cometidas por esses motoristas. Os advogados dos trabalhadores alegaram

que tal decisão violaria o art. 22 da GDPR porque foi adotada de forma exclusivamente automatizada e não possibilitava qualquer contestação por parte dos atingidos [...]. Registre-se que, em algumas cidades, como Londres (Reino Unido), o banimento de um motorista do Uber implica na revogação de sua licença municipal para dirigir táxi ou em qualquer tipo de aplicativo de transporte[...]. Ademais, auditoria independente dos dados dos motoristas coletados pela Uber apontou que as supostas fraudes foram, na verdade, resultado de erros de interpretação desses dados pelo algoritmo do Uber e que não havia uma fase de revisão humana eficiente sobre as possíveis fraudes apontadas pelo algoritmo [...].

No primeiro processo, a Corte condenou o Uber, à revelia, para que reativasse as contas dos motoristas, bem como pagasse indenizações a esses trabalhadores, totalizando mais de 100 mil euros [...]. No segundo processo, o Uber alegou que essa decisão de exclusão da plataforma não era exclusivamente automatizada, pois contava com uma fase de revisão humana posterior, que serviria para confirmar se houve ou não fraude. Nesse contexto, a Corte decidiu que as decisões de banimento do Uber não se enquadram no conceito de exclusivamente automatizadas e não estão abrangidas pela proteção do art. 22 da GDPR. Não obstante, a Corte entendeu que, no caso concreto de dois motoristas, não foram prestadas as justificativas necessárias acerca do banimento, o que implicou na violação do direito de acesso a informações previsto no artigo 15 da GDPR [...]. Em face dessas decisões contraditórias proferidas pelo mesmo tribunal e sobre relações jurídicas semelhantes, percebe-se que assegurar o direito à revisão das decisões automatizadas, na prática, é uma tarefa complexa e que exigirá, além das já citadas previsão legal do direito e capacidade técnica de auditoria da decisão, um amadurecimento de doutrina e jurisprudência acerca do tema.

O presente artigo dedica-se a estudar o direito à explicação na Europa e no Brasil.

DIREITO DE EXPLICAÇÃO NO ORDENAMENTO EUROPEU

Por conta do modo como foi positivado, em um primeiro momento, o direito de explicação das decisões automatizadas na Europa foi objeto de uma intensa polêmica acadêmica, inclusive com a manifestação de norte-americanos. Todavia, ao longo dos anos, a controvérsia foi pacificada e, atualmente, há consenso sobre a existência de tal direito, nos moldes discutidos a seguir.

O art. 22 do Regulamento Europeu de Proteção de Dados (GDPR)

A União Europeia aprovou em 2016 uma reforma legislativa que originou o General Data Protection Regulation (GDPR), vigente a partir de 2018 (União Europeia, 2016), representando uma evolução da Diretiva 95/46/CE da União Europeia, editada em 1995. Foram introduzidos novos direitos e deveres relacionados com a proteção de dados, sendo que há um artigo dedicado exclusivamente à regulação das decisões automatizadas, qual seja, o art. 22:

> Article 22
>
> Automated individual decision-making, including profiling
>
> 1. The data subject shall have the right not to be subject to a decision based solely on automated processing, including profiling, which produces legal effects concerning him or her or similarly significantly affects him or her.
>
> 2. Paragraph 1 shall not apply if the decision:

(a) is necessary for entering into, or performance of, a contract between the data subject and a data controller;

(b) is authorised by Union or Member State law to which the controller is subject and which also lays down suitable measures to safeguard the data subject's rights and freedoms and legitimate interests; or

(c) is based on the data subject's explicit consent.

3. In the cases referred to in points (a) and (c) of paragraph 2, the data controller shall implement suitable measures to safeguard the data subject's rights and freedoms and legitimate interests, at least the right to obtain human intervention on the part of the controller, to express his or her point of view and to contest the decision.

4. Decisions referred to in paragraph 2 shall not be based on special categories of personal data referred to in Article 9(1), unless point (a) or (g) of Article 9(2) applies and suitable measures to safeguard the data subject's rights and freedoms and legitimate interests are in place.

Constata-se que o parágrafo 1º do art. 22 do GDPR proíbe o uso de decisões baseadas somente em automatizações. Contudo, o parágrafo 2º do mesmo artigo traz as exceções a essa regra, listando três tipos de casos em que o uso de decisões automatizadas é legalmente admissível. Por sua vez, o parágrafo 3º assegura, somente nas hipóteses previstas em duas das três exceções do parágrafo 2º, à pessoa submetida a essas decisões o direito de obter intervenção humana, expressar seu ponto de vista e contestar a decisão.

Logo, o direito à revisão dessas decisões automatizadas aparece como um direito explícito no texto do art. 22 (3) do GDPR. Todavia, com relação à positivação de um direito autônomo à explicação dessas decisões, inicialmente não houve um entendimento consensual acerca da sua existência (Casey et al, 2019).

Goodman e Flaxman foram os primeiros a apontar que tal direito estaria previsto no art. 22 (3), tendo usado como uma justificativa inicial um trecho dos recitals do GPDR, que é semelhante à exposição de motivos que as leis brasileiras têm. No texto, havia a afirmação de que as pessoas teriam o direito de uma explicação sobre a decisão adotada após a análise algorítmica. Essa interpretação recebeu críticas, uma vez que os recitals não detêm força de norma cogente (Selbst & Powles, 2017).

Por isso, os autores passaram a defender que o direito à explicação nasceria de uma leitura conjugada com outros artigos do GDPR, em especial os arts. 13 e 14, que preveem explicitamente o direito de o indivíduo solicitar informações sobre o tratamento de dados que fora aplicado aos seus dados pessoais. Isso porque esse direito de informação não poderia ser afastado em caso de decisão automatizada, de modo que, nesses casos, o direito de informação se manifestaria na forma de um direito à explicação das decisões (Goodman & Flaxman, 2016).

Essa nova interpretação também foi objeto de críticas e desvirtuações por parte de outros acadêmicos. Enquanto uns continuavam rejeitando a existência desse direito (Wachter et al, 2018), outros estavam preocupados em como avançar para definir dois aspectos: qual seria a extensão desse direito, isto é, se seria um direito individual, a ser exercido por cada pessoa envolvida em uma decisão automatizada, ou se também poderia ser exercido de modo coletivo, tutelando direitos difusos e coletivos strictu sensu; e como seria possível assegurar efetividade a um direito em um contexto tecnológico da inteligência artificial, que é de difícil compreensão até para os seus próprios desenvolvedores (Selbst & Powles, 2017).

Conceito atual do direito à explicação europeu

Com a entrada em vigência do GDPR, começaram a surgir ações judiciais com fundamentação de pedidos baseada nos artigos do normativo, bem como regulamentações infralegais das autoridades de proteção de dados dos diversos países europeus.

Esse contexto possibilitou que o art. 22 (3) do GDPR, assim como os demais dispositivos, recebessem novas interpretações, desta vez por parte de autoridades judiciais e administrativas (Casey et al, 2019).

Assim, em 2019, já havia um entendimento majoritário na doutrina de que o debate acerca da existência do direito à explicação fora superado, porque as autoridades responsáveis por garantir a aplicação da GDPR já afirmaram que tal direito à explicação das decisões automatizadas existe. Ademais, essas autoridades esclareceram que se trata de um direito de escopo amplo, que visa proteger tanto o coletivo, na forma de fomentar o desenvolvimento de processos decisórios algorítmicos mais éticos e não discriminatórios, como assegurar um direito individual de revisão dos casos concretos (Casey et al, 2019).

Dito de outra forma, no plano coletivo, o direito à explicação permite que legitimados possam tutelar o interesse difuso ou coletivo em sentido estrito, requerendo que as empresas, os órgãos e as entidades expliquem e demonstrem como as decisões automatizadas foram construídas, tanto do ponto de vista teórico, como em relação a conjuntos de casos individuais.

Já no plano individual, o direito à explicação pode ser o primeiro passo para um processo administrativo ou judicial de pedido de revisão das decisões automatizadas. Isso porque o direito à explicação é um instrumento que permite à pessoa tentar entender como foi construída a decisão automatizada que impactou seus direitos e, em caso de discordância ou identificação de erro ou viés discriminatório, também se torna um dos insumos para subsidiar o exercício do direito de revisão, previsto expressamente no GDPR.

Superada essa discórdia, surge a necessidade de se assegurar a efetividade nesse direito de explicação, sobretudo nos casos que envolvem a inteligência artificial. Por um lado, há quem defenda a necessidade de auditoria dos algoritmos e de maior transparência na sua construção, treinamento e funcionamento. Por outro lado, há quem defenda que tais algoritmos estão protegidos pela legislação internacional de propriedade intelectual e do segredo industrial e comercial, de modo que não seria possível assegurar direito à explicação nem auditorias tão amplas quanto desejadas por alguns atores (Wachter et al, 2018; Casey et al, 2019; Pasquale, 2020).

Registre-se que o texto do GDPR lista como competência das autoridades de proteção de dados a realização de auditorias de forma abrangente. Logo, essa previsão legal já seria suficiente para fundamentar eventuais auditorias em decisões automatizadas. Não obstante, persistem as dificuldades técnicas na análise externa e na compreensão dos algoritmos de inteligência artificial.

Portanto, em que pese atualmente não haver dúvidas sobre a existência do direito à explicação no GDPR, ainda não há meios efetivos de assegurar que esse direito pode ser exercido com efetividade, em especial quando a decisão automatizada utiliza inteligência artificial.

DIREITO DE EXPLICAÇÃO NO BRASIL

Embora haja uma visão doutrinária majoritária de que o direito de explicação surgiu no ordenamento brasileiro com a LGPD, há autores que defendem que "a lógica do direito à explicação e do direito à revisão de decisões automatizadas que impacta o titular dos dados" já estava prevista na Lei do Cadastro Positivo, Lei nº 12.414/2011 (Bioni & Luciono, 2019). Os autores ressaltam, porém, que a LGPD positivou tais direitos de forma mais abrangente e explícita, abarcando os mais diversos setores da sociedade e não apenas o setor financeiro (Bioni & Luciono, 2019).

O art. 20 da Lei Geral de Proteção de Dados (LGPD)

O projeto de lei que originou a LGPD foi fruto de intensas discussões envolvendo a sociedade, a academia, diversos setores da economia e os órgãos e entidades estatais. As principais inspirações para sua redação foram o processo de construção e o texto final do GDPR, apesar de ainda não estar vigendo na Europa à época (Medon, 2020).

Nesse sentido, o art. 22 do GDPR inspirou o art. 20 da LGPD, que, desde 2019, assim dispõe:

> Art. 20. O titular dos dados tem direito a solicitar a revisão de decisões tomadas unicamente com base em tratamento automatizado de dados pessoais que afetem seus interesses, incluídas as decisões destinadas a definir o seu perfil pessoal, profissional, de consumo e de crédito ou os aspectos de sua personalidade. (Redação dada pela Lei nº 13.853, de 2019)
>
> § 1º O controlador deverá fornecer, sempre que solicitadas, informações claras e adequadas a respeito dos critérios e dos procedimentos utilizados para a decisão automatizada, observados os segredos comercial e industrial.
>
> § 2º Em caso de não oferecimento de informações de que trata o § 1º deste artigo baseado na observância de segredo comercial e industrial, a autoridade nacional poderá realizar auditoria para verificação de aspectos discriminatórios em tratamento automatizado de dados pessoais.

Esse artigo consagra um "direito à revisão lato sensu, amplo, de que são espécies o direito à explicação sobre o uso dos dados, desde a sua solicitação e/ou captura, e sua revisão, pós processamento e tomada de decisão", com o intuito de ser um "instrumento de proteção do titular de dados para proteção dos seus direitos, estes, sim, de privacidade, autodeterminação e não discriminação ilícita ou abusiva" (Fernandes & Oliveira, 2020).

Deste modo, o direito à revisão das decisões automatizadas foi positivado no art. 20, caput, da LGPD, e o direito à explicação está no art. 20, § 1º, da LGPD.

Ainda cabe registrar que a competência da autoridade de proteção de dados brasileira realizar auditorias nas decisões automatizadas é prevista expressamente no art. 20, § 2º, da LGPD e, no Regimento Interno da Agência Nacional de Proteção de Dados (ANPD), Portaria 1/2021, foi atribuída à Coordenação-Geral de Fiscalização, nos termos do art. 17, inciso IV, do citado regimento interno (ANPD, 2021).

Ressalte-se que tal auditoria somente seria possível nos casos em que alguém exerceu o direito à explicação, mas as informações foram negadas sob a alegação de segredo comercial e industrial. Isto é, esse dispositivo da LGPD não atribui diretamente à ANPD a competência de promover auditorias nos algoritmos das decisões automatizadas com base em outros fundamentos. Isso posto, nada impede que a referida agência realize essas auditorias com base nas suas competências de fiscalizar a temática.

No que tange ao direito de explicação, observa-se que a redação da lei brasileira acaba por adotar um enfoque no dever do controlador em fornecer as informações solicitadas, uma vez que ele é o sujeito do período desse parágrafo, ao contrário do que ocorre com o direito à revisão previsto no caput do mesmo artigo. Além disso, no próprio texto já consta a ressalva de que esse dever-direito será afastado em casos de segredos comercial e industrial.

Essas opções da redação legislativa podem ser indícios de que, ao disciplinar sobre o tema, adotou-se uma preocupação maior com as empresas, órgãos e entidades que produzem decisões automatizadas do que com as pessoas e as empresas sujeitas a essas decisões.

Isso é reforçado pelo fato de que a LGPD menciona doze vezes a necessidade de observância dos "segredos comercial e industrial", porém não traz nenhuma definição ou limitação a tal conceito aberto, que tem sido usado no exterior justamente para restringir o alcance de diversos direitos de proteção de dados, incluindo o direito à explicação das decisões automatizadas (Frazão, 2017).

Deve-se assinalar que a ANPD se encontra ainda em fase de estruturação e elaboração de seus primeiros atos normativos, de modo que ainda não foram elaborados documentos abordando o direito à explicação.

Da mesma forma, não há jurisprudência sobre a aplicação desse art. 20, § 1º, da LGPD, muito embora existam alguns casos pontuais, a exemplo da reclamação trabalhista ATSum 0000591-74.2021.5.07.0011, ajuizada na 11ª Vara do Trabalho de Fortaleza do Tribunal Regional do Trabalho da 7ª Região em face da empresa de transporte por aplicativo Uber (TRT-7, 2022).

No caso, o advogado do autor fundamenta nesse dispositivo o seu pedido de "fornecimento de informações acerca dos critérios para a decisão automatizada de bloqueio, restrições e limitações do acesso ao aplicativo". Todavia, a sentença prolatada pela juíza fundamentou-se em outros normativos, sobretudo na Consolidação das Leis Trabalhistas (CLT), para apreciar os pedidos do autor, que era motorista cadastrado na plataforma, mas foi excluído por uma decisão automatizada emitida pela Uber (TRT-7, 2022).

Diferenças e Semelhanças com o direito de explicação europeu

Em que pese o art. 20 da LGPD ter sido inspirado no art. 22 GDPR, verifica-se que o resultado apresenta algumas diferenças:

a) a legislação europeia restringe os direitos relacionados com decisões automatizadas aos casos em que a decisão produz efeito jurídico ou similarmente significativo, enquanto a LGPD assegura os direitos de forma mais ampla, em todos os casos em que haja efeito aos interesses do titular dos dados (Medon, 2020);

b) o GDPR traz o direito à explicação como um direito implícito previsto no art. 22 (3) do regulamento, enquanto a LGPD dedica um parágrafo para expressamente positivar esse mesmo direito;

c) a LGPD já prevê a realização a competência da autoridade de proteção de dados para realizar auditorias especificamente nos algoritmos que embasam a produção de decisões automatizadas, o que não encontra previsão expressa no GDPR, em que pese poder ser executada com espeque nos dispositivos de competências mais abrangentes das autoridades europeias.

Vislumbra-se que essas modificações da LGPD representam uma evolução no tratamento do tema, em parte fruto do aprendizado brasileiro com breve histórico das discussões sobre proteção de dados e o GDPR no âmbito europeu, em parte resultado de uma lei de proteção de dados que foi aprovada dois anos após o GDPR.

Além disso, há também semelhanças entre os normativos europeu e brasileiro, como seria de se esperar em face do histórico de elaboração do projeto de lei que originou a LGPD:

a) ambos os artigos adotam redações com conceitos abertos, positivando um direito mais principiológico e que se mostra de difícil efetivação nos casos concretos, sobretudo com o uso de inteligência artificial. Nada adianta o solicitante ter acesso a dados técnicos, sem que seja capaz de compreendê-los;

b) os dois normativos não delimitam qual nível de clareza as explicações devem apresentar, por exemplo, se devem ser informações passíveis de entendimento por parte de uma pessoa sem conhecimentos especializados ou se devem ser detalhadas ao ponto de serem compreendidas somente por especialistas em TI ou em estatística;

c) em ambas as legislações o direito à explicação pode ser exercido de forma individual ou de forma coletiva, assegurando maior proteção à toda a sociedade;

d) esses dispositivos também abordam o direito de explicação sob a perspectiva da solicitação da pessoa em face da empresa ou órgão e entidade que produz as decisões automatizadas, deixando de abordar o rito a ser seguido caso o pedido seja feito em meio judicial ou por intermédio de organizações da sociedade civil em prol da coletividade;

e) os dois dispositivos exigem que a decisão seja integralmente automatizada, isto é, tomada por máquinas e não por seres humanos. Assim, decisões parcialmente automatizadas não estariam, em uma primeira análise, albergadas na proteção assegurada por esses artigos. Não obstante, tais casos ainda estão abarcados pelos demais direitos previstos na LGPD e no GDPR;

f) ambos os artigos não diferenciam decisões automatizadas menos complexas daquelas baseadas em inteligência artificial. Esse tratamento acaba por nivelar situações díspares e negligenciar que há uma maior necessidade de atuação justamente nesses casos mais complexos.

Essas semelhanças e diferenças estão sintetizadas na tabela 1.

Tabela 1

Comparação entre o direito à explicação positivado no Brasil e na Europa

Aspecto	Regulamento Europeu de Proteção de Dados (GDPR)	Lei Geral de Proteção de Dados (LGPD)
Direito	Implícito	Explícito
Exige efeito	Jurídico	Aos interesses do titular
Auditoria de algoritmos	Geral	Específica
Individual ou coletivo?	Ambos	Ambos
Conceitos	Abertos	Abertos
Admite decisão parcialmente automatizada?	Não	Não
Diferencia complexidade das decisões?	Não	Não

Fonte: elaboração própria

Possibilidade de futuras alterações de normativos

Cabe destacar que, em que pese o presente estudo ter como escopo a comparação entre o tratamento do direito à explicação nas legislações de proteção de dados no Brasil e na Europa, não se pode olvidar que parte da doutrina defende que a inteligência artificial deva ser regulada de forma autônoma com relação à proteção de dados. Dito de outra forma, tais autores sustentam que o tema das decisões automatizadas que envolvam inteligência artificial deve ser tratado em legislação específica e não apenas na LGPD, já que envolve outros direitos para além dos tutelados pela legislação de proteção de dados (Doneda et al, 2018).

Reflexo de tal corrente de pensamento pode ser visto no projeto de Lei de Responsabilidade Algorítmica, em tramitação no parlamento dos Estados Unidos, que visa regular exclusivamente a inteligência artificial (Câmara Dos Deputados, 2020). Mesmo no Brasil, há diversos projetos de leis em tramitação, com destaque para o Projeto de Lei (PL) 21/2020, apresentado e aprovado na Câmara dos Deputados, sendo que foi intitulado de Marco Legal da Inteligência Artificial (Câmara dos Deputados, 2020) e aprovado por aquela Casa Legislativa em 29/9/2021 (Congresso Nacional, 2020).

Registre-se que, por ser de viés mais principiológico e de fixação de diretrizes, bem como pelas críticas sofridas pela ausência de efetiva participação e discussão com a sociedade durante sua tramitação na Câmara dos Deputados (Knoth, 2021), esse projeto de lei não foi aprovado pelo Senado Federal e motivou a instauração de comissão especial de juristas especialistas para rediscutir o tema e subsidiar a elaboração de outro projeto de lei naquela Casa até 7/12/2022 (Senado Federal, 2022).

Em 3/5/2023, o Presidente do Senado Federal apresentou o mencionado projeto de lei, registrado como PL 2338/2023, que dedica seus art. 5º a 12 para tratar, entre outros temas, dos direitos relacionados com as decisões automatizadas baseadas em inteligência artificial (Senado Federal, 2023). Foi instalada comissão temporária de senadores para apreciar o referido projeto, sendo que tal comissão está prevista para concluir seus trabalhos em setembro de 2024 (Senado Federal, 2024).

Nesse contexto, a futura aprovação desse projeto de lei pelo Parlamento brasileiro poderá impactar as conclusões obtidas com a comparação efetuada no presente estudo. Isso porque haverá a possibilidade de que as decisões automatizadas baseadas em inteligência artificial sejam reguladas por essa futura lei unicamente ou em conjunto com a LGPD, modificando o cenário normativo em que o direito à explicação está positivado.

PERSPECTIVAS FUTURAS

O presente artigo tratou sobre o direito de explicação das decisões automatizadas baseadas em inteligência artificial, tanto sob o prisma do GDPR no direito europeu, quanto da LGPD no Brasil.

Observa-se o uso cada vez maior desse tipo de decisão em todos os setores da economia e da sociedade. Em que pese haver inúmeros benefícios, essas tecnologias também trazem risco e efeitos deletérios para os direitos fundamentais das pessoas sujeitas a tais decisões e para o próprio Estado Democrático de Direito.

As decisões automatizadas apresentam diferentes níveis de complexidade, sendo que o uso de inteligência artificial pode tornar o processo de elaboração dessas decisões totalmente incompreensível, mesmo para os desenvolvedores do sistema.

Nesse contexto, surgem diversos direitos visando proteger as pessoas, com especial destaque para o direito à explicação, previsto no art. 22 (3) do GDPR e replicado, com algumas modificações, no art. 20, § 1º, da LGPD.

No presente trabalho, mostrou-se que existem semelhanças e diferenças entre esses dispositivos, contudo chama atenção o fato de que nenhum deles é capaz de assegurar que o direito à explicação seja efetivamente exercido, sobretudo em face de alegações de segredo industrial e comercial e nos casos de uso da inteligência artificial.

Como sugestões para futuros temas de pesquisa, pode-se citar estudos quanto a construção da jurisprudência na apreciação de casos envolvendo esse direito pelo Poder Judiciário e pelas autoridades de proteção de dados no Brasil e na Europa.

REFERÊNCIAS BIBLIOGRÁFICAS

Acemoglu, D. Harms of AI. Acesso em 12 de janeiro de 2022, https://economics.mit.edu/faculty/acemoglu/paper

Agência Nacional de Proteção de Dados - ANPD. (2021). Regimento Interno. Acesso em 24 de setembro de 2022, http://www.in.gov.br/en/web/dou/-/portaria-n-1-de-8-de-marco-de-2021-307463618

Bioni, B. R.; & Luciano, M. (2019). O princípio da precaução na regulação de inteligência artificial: seriam as leis de proteção de dados o seu portal de entrada? Acesso em 11 de agosto de 2020, http://brunobioni.com.br/wp-content/uploads/2019/09/Bioni-Luciano_O-PRINCI%CC%81PIO-DA-PRECAUC%CC%A7A%CC%83O-PARA-REGULAC%CC%A7A%CC%83O-DE-INTELIGE%CC%82NCIA-ARTIFICIAL-1.pdf. Acesso em: 11 ago 2020.

Câmara dos Deputados. (2020a). PL 4120/2020. Inteiro teor. Acesso em 19 de setembro de 2020, https://www.camara.leg.br/proposicoesWeb/prop_mostrarintegra;jsessionid=F24E380761344507F207AB07A3F562F4.proposicoesWebExterno1?codteor=1921007&filename=PL+4120/2020. Acesso em: 19 set 2020.

Casey, B.; Farhangi, A.; & Vogl, R. (2019). Rethinking Explainable Machines: The GDPR's Right to Explanation Debate and the Rise of Algorithmic Audits in Enterprise. Berkeley Technology Law Journal, 34(1), 143-188.

Congresso Nacional. (2020). Projeto de Lei (PL) 21/2020 – Marco Legal da Inteligência Artificial. Acesso em 4 de dezembro de 2021, https://www.congressonacional.leg.br/materias/materias-bicamerais/-/ver/pl-21-2020

Doneda, D. C. M.; Mendes, L. S.; Souza, C. A. P. de; & Andrade, N. N. M. B. G. de. (2018). Considerações iniciais sobre inteligência artificial, ética e autonomia pessoal. Pensar - Revista de Ciências Jurídicas, 23(4), 1-17.

Eubanks, V. (2018). Automating Inequality: How High-Tech Tools Profile, Police, and Punish the Poor. Nova Iorque: St. Martins's Press.

Ferguson, A. G. (2017). The rise of big data policing: surveillance, race, and the future of law enforcement. Nova Iorque: New York University Press.

Fernandes, M. B. B.; & Oliveira, C. H. M. B. de. (2020). O artigo 20 da LGPD e os desafios interpretativos ao direito à revisão das decisões dos agentes de tratamento pelos titulares de dados. Revista de Direito e as Novas Tecnologias, 8.

Frazão, A. (2017). Dados, estatísticas e algoritmos. Jota. Acesso em 16 de maio de 2018, https://www.jota.info/opiniao-e-analise/colunas/constituicao-empresa-e-mercado/dados-estatisticas-e-algoritmos-28062017

Goodman, B.; & Flaxman, S. European Union regulations on algorithmic decision-making and a "right to explanation". ICML Workshop on Human Interpretability in Machine Learning (WHI 2016). Nova Iorque. Acesso em 8 de setembro de 2022, https://arxiv.org/abs/1606.08813v3 [stat.ML]

Knoth, P. (2021). Aprovação do Marco da Inteligência Artificial é criticada por especialistas. Tecnoblog. Acesso em 19 de novembro de 2021, https://tecnoblog.net/noticias/2021/09/30/aprovacao-do-marco-da-inteligencia-artificial-e-criticada-por-especialistas/

Lage, F. de C. (2021). Manual de inteligência artificial no direito brasileiro. Juspodivm.

Lohr, S. (n.d.). Economistas culpam mais a tecnologia pelo aumento da desigualdade. Acesso em 12 de janeiro de 2022, https://www1.folha.uol.com.br/mercado/2022/01/economistas-culpam-mais-a-tecnologia-pelo-aumento-da-desigualdade.shtml

Mayer-Schnberger, V.; & Cukier, K. (2013). Big Data: A Revolution That Will Transform How We Live, Work, and Think. Boston: Houghton Mifflin Harcourt.

Mccarthy, J. (2007). What is AI? Project JMC. Acesso em 19 de setembro de 2020, http://jmc.stanford.edu/artificial-intelligence/what-is-ai/index.html

Medon, F. (2020). Inteligência Artificial e Responsabilidade Civil: autonomia, riscos e solidariedade. JusPodivm.

Noble, S. U. (2018). Algorithms of oppression: how search engines reinforce racism. Nova Iorque: New York University Press.

O'neil, C. (2016). Weapons of math destruction: how big data increases inequality and threatens democracy. Nova Iorque: Crown Publishers.

Partnership On AI. (n.d.). Sítio oficial da organização. Acesso em 20 de março de 2021, https://www.partnershiponai.org/

Pasquale, F. (2020). New laws of robotics: defending human expertise in the age of AI. Cambridge: The Belknap Press of Harvard University Press.

Rocha, H. R. da. (2020). In dubio pro... Algoritmo? Lições para o Brasil sobre o uso da inteligência artificial nas decisões penais nos Estados Unidos. Revista Científica do Superior Tribunal de Justiça, 1, 7-28. Acesso em 20 de março de 2021, https://bdjur.stj.jus.br/jspui/handle/2011/147043

Rocha, H. R. da. (2023). O direito à revisão de decisões automatizadas baseadas em Inteligência artificial aplicado à proteção do direito à saúde de vieses discriminatórios. Iguatu: Quipá, http://educapes.capes.gov.br/handle/capes/739137

Russel, S. J. & Norvig, G, P. (2010). Artificial Intelligence: a modern approach. Upper Saddler River: Pearson Education.

Selbst, A. D. & Powles, J. (2017). Meaningful information and the right to explanation. International Data Privacy Law, 7(4).

Senado Federal. (2022). Comissão de Juristas responsável por subsidiar elaboração de substitutivo sobre inteligência artificial no Brasil (CJSUBIA). Acesso em 21 de outubro de 2022, https://legis.senado.leg.br/comissoes/comissao?codcol=2504

Senado Federal. (2023). Projeto de Lei (PL) 2338/202 – Lei Geral da Inteligência Artificial. Acesso em 19 de maio de 2023, https://www25.senado.leg.br/web/atividade/materias/-/materia/157233

Senado Federal. (2024). Comissão Temporária Interna sobre Inteligência Artificial no Brasil (CTIA). Acesso em 5 de agosto de 2024, https://legis.senado.leg.br/comissoes/comissao?codcol=2629

Silva, T. (2022). Racismo algorítmico: inteligência artificial e discriminação nas redes digitais. São Paulo: Sesc.

Tribunal Regional do Trabalho da 7ª Região (TRT-7). 11ª VARA DO TRABALHO DE FORTALEZA. Sentença em Ação Trabalhista Sumaríssima. Processo nº 0000591-74.2021.5.07.0011. Juíza Trabalhista Titular Christianne Fernandes Carvalho Diogenes Ribeiro, julgado em 30 mar. 2022. DEJT 30 mar 2022. Cad. Judiciário do TRT 7ª Região, p. 1085.

União Europeia. (2016). General Data Protection Regulation. EUR-Lex. Acesso em 24 de setembro de 2022, http://data.europa.eu/eli/reg/2016/679/2016-05-04.

Wachter, S.; Mittelstadt, B.; & Russell, C. (2018). Counterfactual Explanations Without Opening the Black Box: Automated Decisions and the GDPR. Harvard Journal of Law & Technology, 31(2).

A ATUAÇÃO DO ENCARREGADO DE PROTEÇÃO DE DADOS PREVISTA NA LEI Nº 13.709, DE 2018 E AS DIFERENÇAS COM O DATA PROTECTION OFFICER DA GDPR

Autora:

Amanda Luísa Carniel

Ante a crescente e desenfreada coleta de dados pessoais ao longo dos anos, foram constituídos diversos bancos de dados e transformados em itens passíveis de lucro. Os titulares de dados perderam a autonomia e o controle sobre suas informações, desta forma, surgiu a necessidade de criar normas que regulamentassem a coleta e uso de tais dados.

A principal, mais falada e mais bem vista é a General Data Protection Regulation (GDPR) e serviu como base para demais normas, inclusive a Lei

Geral de Proteção de Dados brasileira. A GDPR surgiu em 2016, entrou em vigência em 2018 e foi criada buscando regulamentar o tratamento pelas empresas dos dados pessoais, garantindo a segurança jurídica e a transparência.

Composta por cento e setenta e três considerandos e noventa e nove artigos, a GDPR conta com as definições legais, os princípios, os direitos dos titulares, os responsáveis pelo tratamento, o Data Protection Officer (DPO) - que é o estudo do presente artigo, a autoridade de controle, a responsabilidade e as sanções aplicadas, entre outras diretrizes.

Por sua vez, a LGPD foi sancionada em 2018, teve vigência total no segundo semestre de 2021 e tem como objetivo proteger os direitos fundamentais de liberdade, privacidade e o livre desenvolvimento da personalidade da pessoa natural, discorrendo sobre o tratamento de dados pessoais tanto nos meios digitais quanto físicos, por pessoa natural ou jurídica. Contando com sessenta e cinco artigos, dispõe sobre as definições legais, os princípios, os direitos dos titulares, os agentes de tratamento, o Encarregado de Proteção de Dados (EPD), a Autoridade Nacional de Proteção de Dados (ANPD), a responsabilidade e as sanções aplicadas, além de outras determinações.

Perguntas como onde o dado foi coletado, qual dado está na base, quem coletou, quando coletou, como teve acesso, há quanto tempo possui e quanto tempo vai permanecer em posse do dado entraram no vocabulário dos titulares e eles agora possuem um canal específico e direto para tais demandas: o DPO ou EPD.

Assim, serão analisadas as funções do Data Protection Officer e do Encarregado de Proteção de Dados em dois tempos. Primeiramente no âmbito internacional e depois no âmbito nacional. Por fim, perceber que embora tenha sido inspirado e, de fato, existem muitas semelhanças, ainda assim existem diferenças entre as atuações.

DA FUNÇÃO DE DATA PROTECTION OFFICER

Muito embora a GDPR seja uma das normas mais conhecidas quando se estuda Proteção de Dados Pessoais, ela surge de uma construção, não sendo a primeira lei da Europa a tratar do assunto.

Lei de Hesse

Na década de 70 (setenta), na Alemanha, foi criada a primeira legislação local a tratar da proteção de dados pessoais. A Lei de Hesse tem como base sete princípios: a proibição, a coleta diretamente pelo titular, a economia de dados, a minimização, a limitação da finalidade, a necessidade e o mais importante para o estudo: a transparência.

Percebe-se, desta forma, que nos anos setenta foram criadas normativas que são utilizadas desde então. A coleta de dados é proibida, a não ser que uma disposição legal permita ou o titular consinta com o tratamento. A coleta deve ser feita diretamente pelo titular, se não houver legislação que permita a coleta de outra maneira. Ainda, os dados devem ter validade, sendo excluídos após o período apropriado e coletados apenas os dados necessários para a atividade permitida.

Quem processa o dado deve informar qual a finalidade da coleta e não pode utilizar de forma diversa, só pode ser coletado se não houver outra maneira disponível e for estritamente necessário. Por fim, deve haver transparência ao titular do dado sobre quais dados estão sendo coletados, porque estão sendo coletados e por quanto tempo serão armazenados.

Diretiva 95/46/CE

Em 1995, surge a Diretiva 95/46/CE do Parlamento Europeu e do Conselho, relativa à proteção das pessoas singulares no que diz respeito ao tratamento de dados pessoais e à livre circulação desses dados. A Diretiva foi a primeira normativa com força de lei e foi determinante para que tanto a União Europeia quanto outros países passem a estudar e disciplinar sobre a temática da proteção de dados.

> O primeiro instrumento internacional disciplinado especificamente essa temática com força legal, aberto a membros e não membros da Comunidade Europeia. - 1995: Diretiva 95/46/CE. (...) Essa diretiva foi por mais de 20 anos, o principal documento internacional sobre o assunto (Vainzof, 2019, p.21)

Ao longo de seus setenta e dois considerandos e trinta e quatro artigos, a figura do DPO aparece no considerando 54 (cinquenta e quatro)[1] como um apoio à autoridade de controle na atividade de controle prévio que autoriza, ou não, o tratamento de dados pessoais; no artigo 18, item 2[2], onde faculta a

---

1 (54) Considerando que, de todos os tratamentos efectuados em sociedade, o número dos que apresentam tais riscos particulares deverá ser muito restrito; que os Estados-membros devem estabelecer um controlo prévio à realização desses tratamentos a efectuar pela autoridade de controlo ou pelo encarregado da protecção dos dados em cooperação com essa autoridade; que, na sequência desse controlo prévio, a autoridade de controlo pode, de acordo com o direito nacional, dar um parecer ou autorizar o tratamento dos dados; que esse controlo pode igualmente ser efectuado durante os trabalhos de elaboração de uma medida legislativa do parlamento nacional ou de uma medida baseada nessa medida legislativa, a qual defina a natureza do tratamento e especifique as garantias adequadas;

2 2. Os Estados-membros apenas poderão estabelecer a simplificação ou a isenção da notificação nos seguintes casos e condições: — se, para as categorias de tratamentos que, atendendo aos dados a tratar, não são susceptíveis de prejudicar os direitos e liberdades das pessoas em causa, especificarem as finalidades do tratamento, os dados ou categorias de dados a tratar, a categoria ou categorias de pessoas em causa, os destinatários ou categorias de destinatários a quem serão comunicados os dados e o

nomeação de um DPO e define que ele é responsável por garantir a aplicação da diretiva em nível interno e manter os registros dos tratamentos efetuados pelo responsável do tratamento, assegurando que o tratamento não prejudica os direitos e liberdades dos titulares; e no artigo 20, item 2[3], que o define como responsável para receber as notificações efetuadas pela autoridade de controle.

Regulamento (CE) nº 45/2001

Já em 2001, é criado o Regulamento (CE) nº 45/2001, relativo à proteção das pessoas singulares no que diz respeito ao tratamento de dados pessoais pelas instituições e pelos órgãos comunitários e a livre circulação desses dados. Com enfoque maior do que a Diretiva, o Regulamento traz mais determinações para a função de DPO. O artigo 24 determina que cada instituição e órgão comunitário deve designar pelo menos um DPO, e este deve:

a) Garantir que os responsáveis pelo tratamento e os titulares sejam informados de seus direitos e obrigações;

---

período de conservação dos dados; e/ou — se o responsável pelo tratamento nomear, nos termos do direito nacional a que está sujeito, um encarregado da protecção dos dados pessoais, responsável nomeadamente por — garantir, de modo independente, a aplicação, a nível interno, das disposições nacionais tomadas nos termos da presente directiva, — manter um registo dos tratamentos efectuados pelo responsável do tratamento, contendo as informações referidas no nº 2 do artigo 21, assegurando assim que os tratamentos não são susceptíveis de prejudicar os direitos e liberdades das pessoas em causa.

3 2. Esse controlo prévio será efectuado pela autoridade de controlo referida no artigo 28 após recepção de uma notificação do responsável pelo tratamento ou pelo encarregado da protecção de dados que, em caso de dúvida, deverá consultar a autoridade de controlo.

b) Responder as demandas da Autoridade Europeia sobre proteção de dados e com ela cooperar;

c) Garantir a aplicação interna das normas, de forma independente;

d) Manter os registros dos tratamentos efetuados pelo responsável pelo tratamento; e

e) Notificar a Autoridade Europeia em caso de tratamento suscetível de risco.

Desta forma, mais do que auxiliar a autoridade, garantir a aplicação da norma e manter registros, é inserido no escopo do DPO o dever de informar os direitos dos titulares e notificar a autoridade em caso de tratamento de risco. O Regulamento insere em seu bojo que a escolha do DPO é feita com base nas qualidades pessoais e profissionais, devendo ter conhecimento em matéria de proteção de dados e a sua escolha não deve originar conflito de interesse entre as funções de DPO e outras atribuições. Ainda, o DPO é nomeado pelo período de dois a cinco anos, podendo ser renovado, mas não sendo permitido que a duração total seja superior a dez anos, podendo ser demitido de suas funções apenas se deixar de preencher as condições exigidas para o desempenho de suas funções.

O Regulamento determina que o DPO não pode receber instruções no desempenho de suas funções, possuindo total autonomia e devendo ter à disposição todos os recursos necessários para o exercício. Após a nomeação, os dados são comunicados à Autoridade Europeia. Os artigos 25 e 26[4] dispõem

---

4 Artigo 25.º Notificação do encarregado da protecção de dados

1. Antes de proceder a qualquer operação ou conjunto de operações de tratamento, com uma ou várias finalidades interligadas, o responsável pelo tratamento deve comunicar esse facto ao encarregado da protecção de dados.

2. As informações devem incluir:

sobre a notificação de tratamento de dados ao DPO e ao registro das operações. É disposto que os registros podem ser consultados por qualquer pessoa, direta ou indiretamente ou por intermédio da Autoridade Europeia.

Por fim, o Anexo do Regulamento traz que o DPO pode apresentar recomendações destinadas a melhorar a proteção de dados e aconselhar as entidades e o responsável pelo tratamento sobre matérias relativas à aplicação de disposições referentes à proteção de dados. Além disso, pode investigar

---

a) O nome e endereço do responsável pelo tratamento e a indicação dos serviços de uma instituição ou um órgão encarregados do tratamento de dados pessoais para uma finalidade específica;

b) A ou as finalidades do tratamento;

c) Uma descrição da ou das categorias de pessoas em causa e dos dados ou categorias de dados que lhes digam respeito;

d) O fundamento jurídico do tratamento a que os dados se destinam;

e) A ou as categorias de destinatários a quem os dados poderão ser comunicados;

f) Uma indicação geral dos prazos em matéria de bloqueio e apagamento das diferentes categorias de dados;

g) As transferências de dados previstas para países terceiros ou organizações internacionais;

h) Uma descrição geral que permita efectuar uma avaliação prévia da adequação das medidas tomadas para garantir a segurança do tratamento nos termos do artigo 22.º

3. O encarregado da protecção de dados deve ser imediatamente informado de qualquer alteração que afecte as informações previstas no n.º 2.

Artigo 26.º Registo

Cada encarregado da protecção de dados deve manter um registo das operações de tratamento notificadas nos termos do artigo 25.º

Os registos devem conter, pelo menos, as informações indicadas no n.º 2, alíneas a) a g), do artigo 25.º. Os registos podem ser consultados por qualquer pessoa, directa ou indirectamente ou por intermédio da Autoridade Europeia para a protecção de dados.

questões e fatos relacionados com suas funções e que tenha tido conhecimento e ser consultado pela instituição ou órgão que o nomeou, ou por qualquer outra pessoa, sobre qualquer questão relativa ao Regulamento.

Regulamento (UE) 2016/679

Em 2016, surge o Regulamento (UE) 2016/679 do Parlamento Europeu e do Conselho, relativo à proteção das pessoas singulares no que diz respeito ao tratamento de dados pessoais e à livre circulação desses dados, revogando a Diretiva 95/46/CE. É a conhecida General Data Protection Regulation (GDPR).

No âmbito da GDPR, a atuação do DPO está prevista nos artigos 37 a 39.

A designação do DPO é feita sempre que (i) o tratamento for efetuado por uma autoridade ou uma organização pública, exceto os tribunais no exercício de sua função; (ii) as atividades principais do responsável pelo tratamento ou do subcontratante consistam em tratamento que exija um controle regular e sistemático dos titulares de dados em grande escala; e (iii) as atividades principais do responsável pelo tratamento ou do subcontratante consistam em tratamento em grande escala de categorias especiais de dados (origem racial, étnica, opinião política, convicção religiosa ou filosófica, filiação sindical, dados genéticos, biométricos, relativos à saúde ou à vida sexual) e de dados pessoais relacionados com condenações penais e infrações.

Nesse sentido, a GDPR dispõe que o DPO pode ser uma única pessoa (física ou jurídica) em caso de grupo empresarial ou estrutura organizacional nas três hipóteses elencadas no parágrafo acima – autoridade/organização pública, necessidade de controle regular e sistemático em grande escala ou tratamento em grande escala de categorias especiais de dados. Para hipóteses diversas, a designação de um DPO é facultativa. Uma vez designado um Data Protection Officer (com base nas suas qualidades profissionais, com foco no conhecimento especializado em direito e nas práticas de proteção de dados e a sua capacidade para desempenhar suas funções), seus meios de contato devem ser informados à Autoridade de Controle.

Nesse sentido, Artur Romasewski (2015, p.2) diz que os requisitos para a regulamentação da União Europeia são mais estritos. Além de ser obrigatório o conhecimento em direito e proteção de dados, ainda deve ter técnicas de privacy by design, privacy by default, técnicas em segurança da informação, conhecimento específico da indústria dos dados que serão processados, habilidade em análise de log, e outros conhecimentos específicos.

> The requirements provided for the EU regulation are stricter.
>
> The Data Protection Officer should have at least:
>
> · extensive knowledge of the substance and application of data protection law, including technical and organizational measures and procedures;
>
> · mastery of technical requirements for privacy by design, privacy by default and data security;
>
> · industry-specific knowledge in accordance with the size of the controller or processor and the sensitivity of the data to be processed;
>
> · the ability to carry out inspections, consultation, documentation, and log file analysis; and the ability to work with employee representation.
>
> The controller should enable the data protection officer to take part in advanced training measures to maintain the specialized knowledge required to perform his or her duties. The designation as a data protection officer does not necessarily require fulltime occupation of the respective employee. (Romasewski, p. 2)

Ainda, a GDPR traz a possibilidade de que o DPO seja colaborador do responsável pelo tratamento ou que tenha um contrato de prestação de serviços, surgindo a figura do DPO as a service.

Desta forma, para que o DPO exerça suas funções é assegurando que seja envolvido de forma adequada e em tempo útil em todas as questões relacionadas à proteção de dados, sendo-lhe fornecidos os recursos necessários ao desempenho dessas funções e o acesso aos dados pessoais e às operações de tratamento.

Além do que lhe é assegurado, o DPO não pode ser destituído nem penalizado pela organização responsável pelo tratamento ou pelo subcontratante pelo fato de exercer suas funções.

Deve, ademais, informar diretamente a alta gestão da organização responsável pelo tratamento, bem como está vinculado ao sigilo e a confidencialidade, podendo exercer outras funções e atribuições, sendo-lhe assegurado que não haverá conflito de interesse.

Korff e Georges (2019, p.134) afirmam que as penalidades apenas são proibidas no âmbito da GDPR quando impostas como resultado das atividades do DPO. Como exemplo, trazem que o DPO pode considerar que um processo em particular tem maior chance de causar algum risco, aconselha o controlador ou o operador para elaborar um relatório de impacto de proteção de dados, mas o controlador ou o operador não concordam com a orientação do DPO. Nessa situação, o DPO não pode ser destituído de sua função pelo fato de aconselhar. As penalidades podem ter uma variedade de formas e podem ser diretas ou indiretas e consistem, por exemplo, na abstenção ou demora de promoção, prevenção para avanço de carreira, negar benefícios que outros funcionários recebem, entre outros. Não é necessário que essas penalidades de fato aconteçam, a mera ameaça é suficiente, desde que sejam usadas para penalizar o DPO por motivos relacionados à suas atividades.

Por fim, os titulares podem contatar o DPO para questões relacionadas com o tratamento de seus dados pessoais e com o cumprimento de seus direitos, conferidos pela GDPR.

Além do contato com o titular de dados pessoais, a GDPR traz em seu artigo 39 cinco funções precípuas do Data Protection Officer.

a) Informar e aconselhar o responsável pelo tratamento ou o subcontratante, bem como os colaboradores, a respeito das obrigações e disposições de proteção de dados;

b) Controlar a conformidade do responsável pelo tratamento não só com a GDPR, mas com demais disposições de proteção de dados, incluindo as responsabilidades, a sensibilização, a formação e as auditorias;

c) Aconselhar, quando for solicitado, a respeito da avaliação de impacto e controlar a sua realização;

d) Cooperar com a autoridade de controle; e

e) Ser ponto de contato para a autoridade de controle sobre as questões relacionadas com o tratamento de dados pessoais.

Para cumprir com as atividades de informação, controle, cooperação, acompanhamento e contato, o DPO deve ter – como já dito anteriormente – total autonomia em suas atividades, sem subordinação ou hierarquia, trabalhando de forma independente. Para tanto, a GDPR trouxe em seus Recitals um específico para a figura do Data Protection Officer.

O Recital 97 – 4 dispõe que o DPO seja ou não funcionário do responsável pelo tratamento, deve estar em condições de desempenhar as suas funções e tarefas de forma independente.

Porém, ainda que tenha autonomia e independência nas funções que exerce, o DPO não possui responsabilidade pessoal pela conformidade e a GDPR deixa cristalino. Essa responsabilidade é do responsável pelo tratamento, prevista no artigo 5º e 24 da GDPR.

O artigo 5º diz que o responsável pelo tratamento é quem deve demonstrar a conformidade com os requerimentos da GDPR, enquanto o artigo 24 diz que é responsabilidade da organização responsável pelo tratamento implementar técnicas apropriadas que sejam hábeis a demonstrar que o tratamento de dados está de acordo com o Regulamento.

Korff e Georges (2019) novamente discorrem sobre o DPO e afirmam que a GDPR é expressamente clara em vários aspectos. Na lei é o controlador e não o DPO que será responsável e responsabilizado por quaisquer falhas a esse respeito. Citam especificamente o artigo 5(2) da GDPR que deixa claro: "O controlador será responsável e conseguirá demonstrar conformidade com [os vários requisitos da GDPR]"[5] (WP29 Guidelines on DPOs apud Korff & Georges, 2019, p.141; tradução do autor). Em outras palavras, essa responsabilidade não recai sobre os ombros do DPO – como também fica claro no artigo 39, que enfatiza as tarefas consultivas e de apoio do DPO. "Não significa que seja o DPO pessoalmente responsável quando houver um caso de não conformidade. A GDPR deixa claro que é o controlador, não o DPO, quem é obrigado a implementar medidas técnicas e organizacionais apropriadas para garantir e demonstrar que o tratamento é realizado de acordo com o regulamento (artigo 24(1))"[6] (WP29 Guidelines on DPOs apud Korff & Georges, 2019, p.207, tradução do autor).

Nota-se, desta forma, que a GDPR traz ao longo de sua regulamentação que (i) o DPO é obrigatório apenas em três situações específicas, sendo facultativo nas demais situações; (ii) o conhecimento em direito e na proteção de dados pessoais deve ser levado em conta para sua contratação; (iii) o DPO pode ser interno ou terceirizado; (iv) não pode ser destituído nem penalizado pelo exercício de sua função; (v) possui independência e autonomia; e (vi) não

---

5 "The controller shall be responsible for, and be able to demonstrate compliance with, [the various requirements of the GDPR]"

6 "does not mean that it is the DPO who is personally responsible where there is an instance of non-compliance. The GDPR makes it clear that it is the controller, not the DPO, who is required to 'implement appropriate technical and organizational measures to ensure and to be able to demonstrate that processing is performed in accordance with this Regulation' (Article 24(1))".

possui responsabilidade pela conformidade – ou não – do responsável pelo tratamento.

DA FUNÇÃO DE ENCARREGADO DE PROTEÇÃO DE DADOS

A legislação brasileira, por sua vez, sentiu a necessidade de criar a norma para adequação do tratamento e proteção de dados pessoais por pressão internacional. Isto porque muito da importação e contratos empresariais vem de países europeus e, uma vez que as organizações já estavam adequadas e preocupadas com os dados pessoais, passaram a exigir que seus parceiros de negócios também tenham a proteção, sob pena de cessarem os contratos.

Além disso, o Brasil visa uma cadeira na Organização para a Cooperação e Desenvolvimento Econômico (OCDE) e, para tanto, precisa garantir a segurança dos dados.

Portanto, em um ato de manter os contratos e condições, a legislação brasileira se inspira na GDPR e é sancionada em 2018 a Lei nº 13.709, de 2018, a Lei Geral de Proteção de Dados (LGPD).

A Lei Geral de Proteção de Dados traz em seu bojo a figura do Encarregado de Proteção de Dados de forma muito similar ao que a GDPR dispõe sobre o DPO.

O artigo 5º trata das definições legais e o inciso VIII diz que o Encarregado é a pessoa indicada pelo controlador e operador para atuar como canal de comunicação entre o controlador, os titulares dos dados e a Autoridade Nacional de Proteção de Dados.

> O principal objetivo da norma é dar ao titular a autodeterminação informativa, que nada mais é do que o titular definir o que acontece com seus dados, saber quais dados pessoais seu estão transitando,

> onde estão, por qual motivo, quem possui acesso a eles e por quanto tempo terão o dado em posse. (Carniel, 2022, p.23)

Da mesma forma, nota-se que a GDPR dispõe que o DPO será o contato com a autoridade de controle e com os titulares.

A primeira diferença que se percebe entre o DPO e o Encarregado está na obrigatoriedade. Enquanto o DPO é obrigatório em apenas três situações específicas e nas demais a sua nomeação é facultativa, o Encarregado via de regra é obrigatório.

Reiterando que a LGPD se aplica para todo aquele, seja pessoa natural ou jurídica, que trate dados pessoais em ambiente físico ou eletrônico com finalidade econômica. Ou seja, todas as empresas (públicas e privadas), autônomos, entre outros que tratam dados com intuito de lucro devem obedecer a normativa. O artigo 41 da LGPD informa que o controlador deverá indicar um encarregado pelo tratamento de dados pessoais, cabendo à Autoridade Nacional estabelecer normas complementares sobre a definição, atribuição ou hipótese de dispensa do encarregado.

Pois bem... A ANPD publicou em 27 de janeiro de 2022 a Resolução CD/ANPD nº 02/2022 onde determina no artigo 11 que os agentes de tratamento de pequeno porte não são obrigados a indicar o Encarregado pelo tratamento de dados pessoais exigido no artigo 41 da LGPD, mas que sua indicação é considerada uma boa prática. Nos termos da Resolução nº 02/2022, agentes de tratamento de pequeno porte são considerados as microempresas, empresas de pequeno porte, startups, pessoas jurídicas de direito privado sem fins lucrativos, pessoas naturais e entes privados despersonalizados que realizem o tratamento assumindo as obrigações de controlador ou de operador.

Porém, ainda que se enquadre nas definições previstas no artigo 2º da Resolução, o Encarregado não poderá ser dispensado se o agente de tratamento de pequeno porte:

a) Realizar tratamento de alto risco para os titulares, sendo considerado alto risco o tratamento de dados pessoais em larga escala; o tratamento que possa afetar significativamente interesses e direitos fundamentais dos titulares; o uso de tecnologias emergentes ou inovadoras; a vigilância ou controle de zonas acessíveis ao público; as decisões tomadas unicamente com base em automatização, incluindo os tratamentos de perfil pessoal, de consumo, de crédito, entre outros; e a utilização de dados sensíveis, de menores ou de idosos;

b) Auferir receita bruta superior a R$4.800.000,00 (Quatro milhões e oitocentos mil reais) ou em caso de startups superior a R$16.000.000,00 (Dezesseis milhões de reais); ou

c) Pertencer a grupo econômico de fato ou de direito, cuja receita global ultrapasse os limites do item "b".

Assim, definido quem precisa nomear um Encarregado, a LGPD traz que as informações de contato devem estar disponíveis publicamente, de forma clara e objetiva, em todas as formas de contato com o controlador.

As atividades do Encarregado definidas pela LGPD também se coadunam com as atividades definidas pela GDPR ao DPO. Tais atribuições estão previstas no parágrafo segundo do artigo 41 e consistem em aceitar as reclamações e comunicações dos titulares, prestar esclarecimentos e adotar providências, receber comunicações da ANPD e adotar providências, orientar os funcionários e os contratados da organização a respeito das boas práticas em relação aos dados pessoais, e executar as demais atribuições determinadas pelo controlador ou estabelecidas em normas complementares.

Nesse sentido, Luã Maia de Mello (2019, p.164) discorre sobre a atuação do Encarregado, onde "seu propósito é fomentar a proteção dos dados pessoais, atuando como canal de comunicação entre o controlador e as demais figuras instituídas pela LGPD (titular e ANPD), além de adotar providências, se necessárias"

Cots e Oliveira (2018, p.220), no mesmo sentido, dizem que "a primeira e a segunda atribuições são as mais básicas possíveis, se lembrarmos que, segundo o conceito legal, o encarregado é um meio de comunicação entre o controlador e terceiros".

Para dirimir eventuais dúvidas que pudessem vir a ocorrer, a ANPD elaborou um guia orientativo que dispõe sobre a atividade dos agentes de tratamento e do Encarregado.

Para a ANPD, um dos papéis mais importantes do Encarregado é a disseminação da cultura de proteção de dados dentro organização, orientando os colaboradores e parceiros de negócios a respeito das boas práticas que devem ser observadas em relação à proteção de dados pessoais.

A ANPD também reforça a prática internacional de que o Encarregado pode ser tanto uma pessoa física quanto jurídica, interna ou externa à organização, como a figura do Encarregado celetista ou do Encarregado as a service, diferente da primeira versão da lei que previa o Encarregado como uma pessoa natural. A única recomendação é de que sua nomeação se dê por um ato formal, seja um contrato ou um ato administrativo.

Enquanto o DPO deve ter autonomia e independência, bem como deve ter conhecimento em direito e proteção de dados, para o Encarregado a liberdade na realização das atribuições é considerada uma boa prática e as qualificações profissionais serão determinadas em um juízo de valor, levando em consideração, mas não sendo obrigatório, o conhecimento de proteção de dados e segurança da informação, em nível que atenda as demandas das operações da organização.

Nesse sentido, ensina Bruno (2019, p.316):

> A designação do Encarregado pelo Tratamento de Dados Pessoais deve ocorrer baseada nas qualidades profissionais do indicado, particularmente em seu conhecimento da legislação de proteção de dados, das práticas de tratamento de dados pessoais, e na sua capacidade em cumprir os requisitos da Lei Geral de Proteção de

> dados. Quanto mais complexas forem as atividades de tratamento de dados realizadas pela organização, maior deverá ser o nível de conhecimento técnico do Encarregado.

Além do mais, para a ANPD é importante que o Encarregado tenha recursos adequados e apoio de uma equipe de proteção de dados interna à organização, onde serão considerados diversos outros recursos, sendo uma equipe multidisciplinar. Por óbvio o Encarregado não tem conhecimento de toda a organização e da viabilidade das medidas a serem tomadas. Contando com uma equipe de diferentes áreas as soluções passam a ser assertivas.

Jéssica Reis (2020, p.97) afirma que:

> ...certo é que as funções do DPO serão desenvolvidas não por uma só pessoa, mas por diversas pessoas que visem a observância da função do DPO quanto à comunicação com os titulares de dados, de modo a atendê-los e a adotar as providências que forem necessárias conforme impõe a LGPD.

A autora também afirma que:

> Um DPO que não domine a matéria necessária à sua função, não terá condições técnicas de fazer cumprir a LGDP e funcionará apenas como uma figura que constará formalmente como o EPD daquela organização, sem que o espírito da Lei seja perseguido pelo desempenho efetivo de suas funções. (Reis, 2020, p.107)

Por fim, a Autoridade Nacional dispõe que o mesmo Encarregado pode atuar em diferentes organizações, desde que seja capaz de realizar suas atribuições com eficiência.

No sentido de contribuir com a definição de "realizar as atribuições com eficiência", a Associação Nacional dos Profissionais de Privacidade de Dados (ANPPD) elaborou o parecer técnico nº 2/2022/ANPPD que traz 21 contribuições para a regulamentação do Encarregado pelo tratamento de dados pessoais.

Dentre as contribuições, além das determinações legais já atribuídas ao Encarregado por força da LGPD e do Guia Orientativo da ANPD, são sugeridas como atividades do Encarregado (i) o dever de manter-se atualizado sobre a LGPD e outros regulamentos aplicáveis e melhores práticas de proteção de dados, com o fim de garantir maior assertividade em suas orientações; (ii) a possibilidade de demonstrar certificações profissionais de sua capacidade técnica; (iii) orientar a organização e parceiros sobre as boas práticas a serem adotadas; (iv) conferir se as orientações estão sendo adotadas ou justificadas adequadamente; (v) formalizar as orientações, a fim de favorecer a prestação de contas para com a ANPD ou o titular; (vi) estar vinculado à obrigação de sigilo e de confidencialidade no exercício de suas funções; (vii) ser responsável por garantir a conformidade da organização; entre outras.

Seguindo na mesma toada da GDPR, a LGPD apesar de definir diversas atribuições ao Encarregado, não estipulou – até então – a responsabilidade pessoal.

A responsabilidade pelas atividades e pelo tratamento de dados continua sendo do controlador, de acordo com o artigo 42 da Lei Geral de Proteção de Dados, não tendo o Encarregado responsabilidade pessoal.

Isso porque, como bem traz a LGPD e o Guia Orientativo, os agentes de tratamento que, obviamente, tratam dados pessoais são o controlador e o operador, servindo o Encarregado como meio de contato entre os agentes de tratamento e o titular ou a ANPD e como orientador da organização e parceiros sobre as boas práticas existentes.

No mesmo sentido assevera Bruno (2019, p.317):

> No tocante à responsabilidade do Encarregado pelo Tratamento de Dados Pessoais em face de uma eventual não conformidade da empresa com os requisitos de proteção de dados, como regra geral, esta inexiste. O Encarregado não é pessoalmente responsável, pois o controlador e o operador são responsáveis por garantir e demonstrar que suas atividades são conduzidas de acordo com a regulamentação, de modo que a conformidade com a legislação aplicável à proteção de dados pessoais é uma responsabilidade do controlador e do operador, e não do Encarregado.

Isso não quer dizer que em caso de uma conduta inadequada, dotada de má-fé, o Encarregado não possa ser responsabilizado. Mas isso se dará por outra via, não estipulada pela LGPD.

De fato, a responsabilização se dará em face do controlador e/ou do operador, mas é assegurado o direito de regresso destes para com o Encarregado, caso consigam comprovar a ilicitude, na esfera cível ou trabalhista, dependendo do contrato da organização com o Encarregado – se celetista ou prestador de serviços.

Na esfera trabalhista a ação de regresso é utilizada com a analogia do artigo 934 do Código Civil, que aduz que "aquele que ressarcir o dano causado por outrem pode reaver o que houver pago daquele por quem pagou". Ou seja, se a organização ressarciu ao titular valores pelos danos causados por seu funcionário, poderá reaver do mesmo o valor que foi pago, tendo em vista que o dano foi causado por ele.

Por sua vez, na esfera civil são aplicados os conceitos da responsabilidade previstos no artigo 927 do Código civil, que dispõe que aquele que comete ato ilícito deve reparar.

A GDPR traz ao longo de sua regulamentação que (i) o DPO é obrigatório apenas em três situações específicas, sendo facultativo nas demais situações; (ii) o conhecimento em direito e na proteção de dados pessoais deve ser levado em conta para sua contratação; (iii) o DPO pode ser interno ou terceirizado; (iv) não pode ser destituído nem penalizado pelo exercício de sua função; (v) possui independência e autonomia; e (vi) não possui responsabilidade pela conformidade - ou não - do responsável pelo tratamento.

Por sua vez, a LGPD traz no escopo de sua regulamentação que (i) o Encarregado é obrigatório via de regra, sendo facultativo apenas nos casos definidos pela Resolução nº 02/2022/ANPD; (ii) o conhecimento em direito e na proteção de dados pessoais pode ser levado em conta para sua contratação, mas não é obrigatório; (iii) o Encarregado pode ser interno ou terceirizado; (iv) o Encarregado pode atuar em diversas organizações; (v) pode possuir independência e autonomia, sendo uma boa prática; e (vi) não possui responsabilidade pela conformidade - ou não - do responsável pelo tratamento.

Desta forma, como semelhanças tem-se que tanto na GDPR quanto na LGPD cabe ao DPO e ao EPD receber informações do controlador ou operador sobre o tratamento dos dados, ser o meio de contato com a Autoridade competente e com os titulares dos dados, orientar os colaboradores e parceiros quanto as boas práticas a serem tomadas, garantir que a legislação seja cumprida, podendo, para tanto, ser interno ou terceirizado, além de não responder pessoalmente pela adequação, sendo a responsabilidade do controlador/operador e o Encarregado ou DPO atuam como fiscais de adequação.

Já as diferenças entre o DPO e o EPD estão na obrigatoriedade de sua nomeação; na obrigação - ou não - de conhecimentos específicos; na atuação do DPO com independência, autonomia e não podendo ser destituído nem penalizado enquanto o Encarregado tem tais liberdades como boas práticas e não há previsão quanto a destituição ou penalidades e muito menos quanto a hierarquia de cargos.

Percebe-se, desta forma, que apesar de diversas semelhanças entre as funções de Data Protection Officer e Encarregado de Proteção de Dados, tendo em vista a inspiração havida pela Lei Geral de Proteção de Dados sobre a General Data Protection Regulation, ainda possuem diferenças relevantes e impactantes.

Não há uma legislação certa nem outra errada, mas sim duas legislações diferentes, com suas especificidades e que devem ser observadas e cumpridas.

REFERÊNCIAS BIBLIOGRÁFICAS

Associação Nacional dos profissionais de privacidade de dados. (2022).; Parecer Técnico nº 2/2022/ANPPD. Regulamentação do Encarregado pelo Tratamento de Dados Pessoais. Acesso em 24 de novembro de 2022, https://cms.anppd.org/res/arquivos/1663699838_PARECER_TECNICO_%20NRO_2-2022_Regulamentacao_DPO.pdf.

Autoridade Nacional de Proteção de dados. (2022). Guia Orientativo para Definições dos Agentes de Tratamento de Dados Pessoais e do Encarregado. Acesso em 24 de novembro de 2022, https://www.gov.br/anpd/pt-br/documentos-e-publicacoes/guia_agentes_de_tratamento_e_encarregado___defeso_eleitoral.pdf.

Autoridade Nacional de proteção de dados. (2022). Resolução CD/ANPD nº 2, de 27 de janeiro de 2022. Acesso em 24 de novembro de 2022, https://www.in.gov.br/en/web/dou/-/resolucao-cd/anpd-n-2-de-27-de-janeiro-de-2022-376562019#wrapper.

Brasil. Constituição da República Federativa do Brasil, 1988. Disponível em: http://www.planalto.gov.br/ccivil_03/constituicao/constituicao.htm.

Brasil. Lei nº 10.406, de 10 de janeiro de 2002. Disponível em: http://www.planalto.gov.br/ccivil_03/leis/2002/l10406.htm.

Brasil. Lei nº 13.709, de 14 de agosto de 2018. Disponível em: http://www.planalto.gov.br/ccivil_03/_ato2015-2018/2018/lei/L13709.htm.

Bruno, M. G. S. (2019). Dos Agentes de Tratamento de Dados Pessoais. In V. N. Maldonado; R. O. Blum (Orgs.). Lei Geral de Proteção de Dados Comentada (pp.305-328). Revista dos Tribunais.

Carniel, A. L. (2022). Análise de Impacto Legislativo à Luz da Lei n.º 13.709/2018 (Lei Geral de Proteção de Dados — LGPD). In. A. A. Vaz; G. V. C. Gonçalves; G. S. Balestero; M. P. Santiago (Orgs.). Pensando o Direito Público e Privado (pp.17-30). Deerfield Beach, Florida.

Cots, M.; & Oliveira, R. (2018). Lei geral de proteção de dados pessoais: comentada. Thomson Reuters.

Korff, D.; Georges, M. (2019). The Data Protection Officer Handbook. Acesso em 24 de novembro de 2022, https://papers.ssrn.com/sol3/papers.cfm?abstract_id=3428957#references-widget.

Mello, L. M. (2019). Agentes de tratamento de dados pessoais. In B. Feigelson; & H. A. SIQUEIRA (Orgs.). Comentários à Lei Geral de Proteção de Dados: Lei 13.709/2018 (pp. 159-172. Revista dos Tribunais.

Reis, J. C. (2020). O Encarregado De Proteção De Dados Na Lei Geral De Proteção De Dados Sob O Paradigma Da General Data Protection. Acesso em 24 de novembro de 2022, https://aberto.univem.edu.br/handle/11077/1939

Soares, L. P. (2021). As diferenças entre o Data Protection Officer (DPO) e o Encarregado de Dados Pessoais. Acesso em 24 de novembro de 2022, https://lawquest.com.br/as-diferencas-entre-o-data-protection-officer-dpo-e-o-encarregado-de-dados-pessoais/.

União Europeia. (1995). Directiva 95/46/CE do Parlamento Europeu e do Conselho, de 24 de outubro de 1995. Acesso em 24 de novembro de 2022, https://eur-lex.europa.eu/legalcontent/PT/TXT/?uri=CELEX%3A31995L0046.

União Europeia. (2000). Regulamento (CE) n.o 45/2001 do Parlamento Europeu e do Conselho, de 18 de dezembro de 2000. Acesso em 24 de novembro de 2022, https://eurlex.europa.eu/legal-content/PT/TXT/?uri=celex%3A32001R0045.

União Europeia. (2022). Regulamento (UE) 2016/679 do Parlamento Europeu e do Conselho, de 27 de abril de 2016. Acesso em 24 de novembro de 2022, https://gdpr-info.eu/.

Vainzof, R. (2019). In V. N. Maldonado; & R. O. Blum, (Orgs). Lei Geral de Proteção de Dados Comentada. Thomson Reuters Brasil.

A SEGURANÇA JURÍDICA DA ASSINATURA ELETRÔNICA

Autores:

Marcus Abreu de Magalhães

Adriana Lampert

A crescente digitalização da economia e das relações sociais, com a ascensão de plataformas digitais e mecanismos de autenticação remota, tornou corriqueira a formalização de contratos por meio de assinaturas eletrônicas, à distância e sem a necessidade de contato entre as partes.

Esse movimento foi particularmente intenso nos setores bancário e comercial, com transações realizadas, entre partes distantes geograficamente, acompanhando as novas exigências da economia digital. Os mecanismos digitais de contratação remota permitiram o florescimento de novos modelos de negócios, desde bancos digitais, sem agências físicas, ao varejo em market places virtuais com entrega em domicílio, passando pela prestação de novos e variados serviços virtuais.

O comércio eletrônico caminha para ser prevalente no mercado, máxime após a Pandemia COVID19. Na China, em 2021, o comércio eletrônico superou o físico (Sena, 2021) e, no Brasil, o crescimento é acelerado, com expectativa de alcançar 40% do mercado até 2027 (Chapchap, 2024). Nesse mercado digital são necessárias estratégias para confirmar a venda rapidamente. Dificuldades para finalização da compra podem acarretar o fracasso da transação. Nesse contexto, o varejo enfrenta dilema entre segurança e simplicidade ao desenhar mecanismos para confirmar a identidade do cliente e autenticar o pagamento.

Soluções atraentes – rápidas, simples, com reduzida coleta de dados – apresentam a desvantagem de ensejar alegações de inexistência da compra pelo titular, estimular fraudes e litígios, com prejuízo às plataformas. Ao revés, soluções mais seguras – com assinatura qualificada autenticada por certificador credenciado – limitam o universo de potenciais clientes afetando o potencial de vendas.

A disseminação de assinaturas eletrônicas trouxe desafios para o Direito. Se, por um lado, houve evidente facilitação dos negócios jurídicos, por outro, surgiram dúvidas acerca da autenticidade, integridade e validade desses contratos. Em muitos casos, o debate judicial gira em torno da suficiência probatória da assinatura digital e da vulnerabilidade do contratante frente à complexidade dos sistemas utilizados (Marques & Mucelin, 2022).

Diante desse cenário, é fundamental estabelecer parâmetros jurídicos seguros para tratar essas novas modalidades contratuais. É necessário compreender os fundamentos legais que validam as assinaturas eletrônicas, bem como os riscos técnicos e as limitações que ainda cercam seu uso. Além disso, é indispensável definir critérios para a aferição judicial de sua autenticidade.

As assinaturas eletrônicas, ferramentas essenciais neste contexto, apresentam níveis distintos de segurança e confiabilidade que impactam diretamente a prova. A ausência de mecanismos robustos de verificação de identidade e a facilidade com que estas assinaturas podem ser reproduzidas ou forjadas criaram ambiente propício para fraudes diversas.

Diante deste cenário, a análise da validade das diferentes modalidades de assinaturas eletrônicas, especialmente quando utilizadas em documentos processuais essenciais como procurações, contratos e declarações, envolve não apenas os fundamentos legais que conferem validade a estas assinaturas, mas também suas limitações técnicas e vulnerabilidades, definindo critérios objetivos para sua aferição judicial que respeitem os princípios da boa-fé, do contraditório e da proteção da parte vulnerável.

A IMPORTÂNCIA DAS TRANSAÇÕES DIGITAIS E DAS FERRAMENTAS DE VALIDAÇÃO

A forma de contratação é livre, não há regra estabelecida para contratos, pois o artigo 107 do Código Civil assegura a validade da declaração de vontade, independentemente de forma especial, salvo se houver lei que expressamente preveja exigência ou solenidade para a hipótese específica. Assim, o ordenamento admite inclusive a realização de contratos verbais, restando revogados inclusive os limites do art. 401 do CPC/1973 e 227 do CC/2002.

Nesse cenário, surgem diversos modelos de contratação. Porém, a eficácia do contrato em juízo irá depender da apresentação de prova. Em litígios, de regra, o polo vendedor irá alegar ter firmado acordo, por meio eletrônico, através de ferramenta que desenvolveu ou terceirizou, mas, o suposto cliente, no polo comprador, se defenderá com a alegação de desconhecer o autor, o contrato e o produto ou serviço.

Nesse contexto, as ferramentas de validação eletrônica passaram a ter papel central. Elas não apenas substituem a assinatura física, mas também funcionam como instrumentos de segurança jurídica e técnica. A certificação digital baseada na Infraestrutura de Chaves Públicas Brasileira (ICP-Brasil) garante a presunção legal de autenticidade, integridade e validade jurídica ao documento eletrônico, com base na criptografia assimétrica.

Apesar disso, há limitações. Nem todos os usuários dispõem de certificados digitais qualificados, e as assinaturas eletrônicas – simples e avançadas – ganharam amplo alcance, especialmente em contratos comerciais de menor complexidade. Nesses casos, mecanismos complementares como autenticação multifator (MFA), geolocalização ou horário contribuem para a cadeia probatória. Em especial, é importante a análise do contexto do negócio jurídico, a aferição se a contrapartida foi de fato prestada, como, por exemplo, a disponibilidade dos recursos financeiros em empréstimos, a entrega dos produtos no endereço do contratante, em caso de vendas etc.

A questão de fundo é a confirmação da identidade, pois a correta identificação das partes contratantes sempre foi problema crucial para o negócio jurídico. O delito de falsa identidade não é novidade, Zeus se fez passar por mortal para se encontrar com Alcmena, enquanto Anfitrião, seu marido, encontrava-se em batalha. Dessa ilusão, nasceu Hércules.

A cartularidade, tradicionalmente, é mecanismo de prova. Diferentes culturas adotaram sistemas para conferir segurança à identificação das partes contratantes. Do brasão ou selo aristocrático derretido na cera utilizado na Idade Média no Ocidente ao hanko oriental, espécie de carimbo, que produzia uma marca única de difícil imitação, o inkan, disseminado no Japão até poucos anos.

A ascensão do marketplace digital trouxe a exigência de ferramentas contratuais compatíveis com a velocidade e virtualidade do ambiente de comércio. Por não ser mais viável requerer a presença física do consumidor no estabelecimento, tornou-se impossível a contratação por documento escrito e assinado em papel.

Por sua vez, o ambiente virtual é mais propício a delitos de falsa identidade. Diversos ardis favorecem o sucesso da fraude. De recursos cibernéticos à engenharia social, passando pela obtenção ilícita de dados pessoais vazados, são inúmeras as formas de simular a identidade de outrem.

Não se discute a possibilidade e a validade de contratações por meio eletrônico ou ferramenta digital, pois é inexorável a digitalização dos atos jurídicos. O Superior Tribunal de Justiça reconhece a validade da assinatura eletrônica:

> Esta Corte Superior possui jurisprudência no sentido de que, diante da nova realidade comercial, em que se verifica elevado grau de

relações virtuais, é possível reconhecer a força executiva de contratos assinados eletronicamente, porquanto a assinatura eletrônica atesta a autenticidade do documento, certificando que o contrato foi efetivamente assinado pelo usuário daquela assinatura (STJ, Terceira Turma, REsp 1.495.920/DF, Rel. Ministro Paulo de Tarso Sanseverino, julgado em 15/5/2018, DJe 7/6/2018).

Porém, é preciso verificar – em cada caso concreto – se a ferramenta criada para a adesão ao contrato de fato agrega elementos suficientes para atingir um standard de prova mínimo de autenticidade da assinatura, suficiente para o negócio jurídico entabulado.

Enquanto a Jurisprudência não fixa os elementos e requisitos para a validade da assinatura eletrônica como prova, os agentes jurídicos e econômicos deverão sopesar as diferentes ferramentas oferecidas no mercado.

A assinatura eletrônica ou digital tem como principal norma de regência a Lei 14.063/2020. Em um primeiro momento, a Medida Provisória 2.200-2/2001 instituiu a Infraestrutura de Chaves Públicas Brasileira - ICP-Brasil.

Porém, a Lei 14.063/2020 flexibilizou e ampliou as formas de assinar digitalmente. A norma manteve aquela certificada por chave pública ICP, atual padrão ouro, a assinatura eletrônica qualificada; mas, também adotou a possibilidade de assinatura eletrônica avançada, prevista no art. 4º, II, sendo aquela realizada por mecanismo digital alternativo concebido pela própria parte ou por ferramenta terceirizada escolhida.

A expansão das assinaturas eletrônicas é acompanhada por um conjunto relevante de desafios técnicos e jurídicos. A facilidade de uso de sistemas eletrônicos pode mascarar riscos significativos. destacamos as vulnerabilidades decorrentes de falhas na segurança cibernética; na autonomia limitada do contratante hipervulnerável; e a desigualdade informacional.

Do ponto de vista jurídico, a força probatória das assinaturas eletrônicas simples e avançadas pode ser contestada, exigindo do contratante a produção de provas mais robustas junto com elementos para análise da validade do contrato. A ausência de uniformidade jurisprudencial torna ainda incerta a validade de contratos eletrônicos sem certificação digital qualificada, especialmente quando a autenticidade for impugnada em juízo, ante a ressalva do art. 4º, II, da Lei 14.063/2020: "desde que admitido pelas partes como válido ou aceito pela pessoa a quem for oposto o documento".

Além disso, a legislação brasileira carece de um marco regulatório unificado para contratos digitais no setor privado. Isso amplia o risco de decisões divergentes, afetando a segurança jurídica e a previsibilidade das relações econômicas.

O prognóstico é que o mercado continue avançando para soluções híbridas, que combinem acessibilidade e robustez técnica. A tendência é que os sistemas de assinatura incorporem progressivamente inteligência artificial e blockchain, aumentando a rastreabilidade e diminuindo os riscos de fraude. No entanto, isso não elimina a necessidade de arcabouço jurídico claro e de atuação judicial sensível ao contexto de cada relação contratual.

A INEXORABILIDADE DAS FERRAMENTAS DIGITAIS DE ASSINATURA

A adesão às ferramentas digitais de assinatura é resultado da evolução natural da sociedade da informação. Empresas e consumidores estão imersos em uma lógica de instantaneidade e mobilidade, em que a celeridade é critério fundamental para a competitividade e a eficiência econômica.

A Medida Provisória 2.200-2/2001, que instituiu a ICP-Brasil, foi pioneira ao oferecer estrutura normativa para autenticação digital. A posterior Lei 14.063/2020 atualizou essa base ao reconhecer legalmente três tipos de assinaturas eletrônicas: simples, avançada e qualificada.

Importante destacar que a apenas a assinatura eletrônica qualificada possui presunção de validade e autenticidade, sendo que as demais perdem essa presunção quando questionadas, ante expresso dispositivo do artigo 4º, II, da lei de regência (Lei 14.063/2020), antes reproduzido.

Essa classificação evidencia que o ordenamento jurídico brasileiro valoriza a funcionalidade da assinatura sobre sua forma. O reconhecimento da validade das assinaturas eletrônicas simples ou avançadas depende da demonstração da autoria e da integridade do documento, mesmo fora da cadeia ICP-Brasil.

O avanço tecnológico é inevitável. Sistemas de biometria, reconhecimento facial, assinatura manuscrita digitalizada e carimbos de tempo confiáveis tendem a ser cada vez mais utilizados. Portanto, o Judiciário deverá acompanhar esse desenvolvimento com interpretação atualizada e flexível, pautada em critérios técnicos e nas circunstâncias do caso concreto.

ESPÉCIES DE ASSINATURAS ELETRÔNICAS

A assinatura eletrônica é mecanismo que busca substituir a assinatura física, a qual, por sua vez, se presta tanto a confirmar a identidade da parte contratante quanto a validar as declarações e o respectivo negócio jurídico expresso no instrumento assinado.

Na Doutrina portuguesa (Correia, 2003):

> A chamada assinatura digital – no seu sentido corrente e usual, que se refere apenas à assinatura digital de criptografia assimétrica – consiste numa modalidade de assinatura electrónica em sentido restrito – a bem dizer, é a única modalidade atualmente testada e generalizadamente reconhecida e utilizada... – composta por uma espécie de 'selo electrónico', que é criado através de um sistema criptográfico assimétrico, que gera e atribui ao respectivo titular uma 'chave privada e uma 'chave pública'.

Essa modalidade de assinatura, autenticada pela dupla chave pública/privada com verificação por certificadora, é no direito brasileiro a assinatura eletrônica qualificada. Porém, com o objetivo de ampliar o acesso à contratação remota por meios digitais, nossa lei de regência previu mecanismos simplificados de contratação com as assinaturas avançada e simples. Vejamos.

Assinatura Eletrônica Qualificada

A assinatura eletrônica por certificação pública, mecanismo de autenticação tanto da identidade quanto do documento, incorpora mecanismos que asseguram elevado grau de confiabilidade.

A assinatura eletrônica ou digital por certificação pública é método digital de autenticação e validação de documentos ou transações, baseado no uso de criptografia assimétrica, que garante a autenticidade, integridade e não repúdio de informações. Nesse modelo, uma autoridade certificadora confiável emite certificados digitais, que vinculam uma chave pública a uma identidade específica, garantindo que a assinatura tenha validade legal.

Nessa modalidade de assinatura, a autoridade certificadora confere a identidade da pessoa e realiza a coleta de seus dados biométricos. Emitido o certificado, que pode existir em diversas formas - tokens, cartões ou nuvem - o titular pode assinar digitalmente por meio de senha que irá acionar os mecanismos de chaves digitais.

O sistema - criptografia assimétrica - utiliza pares de chaves. A chave pública, que verifica a autenticidade da assinatura; e a chave privada, que, em conjunto com a senha, gera a assinatura digital, a qual, por sua vez, é embutida como metadado no documento em arquivo digital.

A autoridade certificadora é quem emite, valida e gerencia certificados digitais. No Brasil, o Instituto Nacional de Tecnologia da Informação - ITI é a autoridade certificadora raiz junto ao ICP-Brasil (Infraestrutura de Chaves Públicas Brasileira), que é o órgão regulador que estabelece as regras e supervisiona as autoridades certificadoras, é tem natureza de autarquia especial, sendo diretamente subordinado à Presidência da República.

O mecanismo busca assegurar a autenticidade, garantia de que o documento tenha assinado por quem diz ser o assinante; a integridade, garantia de o documento não ter sido alterado desde a assinatura; e não repúdio, ou seja, de obstar que o assinante possa negar ter assinado o documento. As autenticações são feitas por fórmulas matemáticas, chamadas hash, que, encadeadas, por blockchain, autenticam as sucessivas operações, dados e metadados. Qualquer alteração rompe a identidade do hash e impede a confirmação.

No Brasil, a Medida Provisória 2.200-2/2001 regulamentou o uso de certificação digital, por meio da infraestrutura de chaves públicas brasileiras (ICP-Brasil), sendo tal assinatura definida como "assinatura digital qualificada" pelo art. 4º, III, da Lei 14.063/2020.

Essa assinatura qualificada exige uma primeira identificação pessoal com o usuário e coleta de elementos biométricos, apresentação e conferência de documentação pessoal, emissão de token sujeito à conferência pela certificadora. A partir desse certificado, frequentemente em token, serão gerados os pares de chaves que irão autenticar as assinaturas, novamente com conferência das chaves de cada certificado pelos agentes certificadores e coleta de metadados.

Assinatura Eletrônica Avançada

A assinatura eletrônica avançada, igualmente prevista na Lei 14.063/2020, não exige chave pública, apenas, como antes destacado, que a ferramenta seja admitida pelas partes como válida ou que a assinatura avançada seja aceita pela pessoa a quem for oposto o documento (art. 4º, II, da Lei).

A assinatura avançada oferece nível de confiança inferior, sendo usualmente lastreada em mecanismos paralelos de confirmação com outros elementos para sua validação. Os mecanismos mais comuns são a autenticação multifator e a biometria.

A conferência da fotografia de documento oficial com a retrato coletado pelo celular é mecanismo avançado, porém sujeito à fraude. Logo, a biometria associada à assinatura avançada é mecanismo que agrega segurança, mas não atinge o standard legal para, por si só, certificar a identidade em juízo.

Além da coleta de dados biométricos, a ferramenta da assinatura avançada usualmente conjuga informações de hora, local, IP, número do aparelho celular utilizado para captura da imagem e outros metadados de sorte a contribuir com o nível de confiabilidade da autenticação.

Em síntese, a modalidade de assinatura eletrônica avançada é de padrão aberto, autorizando diversas técnicas de autenticação, desde que, na forma do texto legal, assegure a vinculação unívoca e vinculada a dados sob controle exclusivo do usuário. Porém, como visto, o art. 4ª, II, Lei 14.063/2020 ressalva que o mecanismo deve ser admitido pelas partes como válido. Esse dispositivo segue o CPC que, em seu art. 429, determina "incumbe o ônus da prova quando: ... II - se tratar de impugnação da autenticidade, à parte que produziu o documento."

Assim a eficácia dessa assinatura eletrônica avançada como prova em juízo irá depender da escolha dos mecanismos adotados para robustecer a identificação do usuário. À evidência, como a norma não estabelece elementos mínimos para aferir a autenticidade, ressalvando apenas a exigência de ser a assinatura admitida pelas partes, a validade da identificação, quando disputada, será sopesada com o contexto do negócio jurídico e força probante dos demais elementos coletados.

Com efeito, o levantamento da ainda escassa Jurisprudência revelou que a existência de mais elementos de confirmação - como coleta de dados de localização, fotografia, confirmação por duplo fator – aumenta as chances de validação do contrato.

A questão nessa modalidade mais aberta de assinatura eletrônica é que o agente econômico deve sopesar os riscos antes de escolher o mecanismo adequado. Ao optar por contrato de adesão sem as formalidades tradicionais, como testemunhas, reconhecimento de firma, coleta de assinatura física ou eletrônica qualificada, faz escolha orientada por análise econômica, sopesando os custos das modalidades seguras de contratação e o risco de absorção de prejuízos pela contratação com novos mecanismos que concebeu e implementou.

A Jurisprudência segue o raciocínio de atribuir o ônus da prova da assinatura a quem alega a sua existência, pois o STJ em fixou o entendimento no Tema 1061:

> na hipótese em que o consumidor/autor impugnar a autenticidade da assinatura constante em contrato bancário juntado ao processo pela instituição financeira, caberá a esta o ônus de provar a sua autenticidade (CPC, arts. 6º, 368 e 429, II). (2ª Seção, DJe 09/DEZ/2021).

Destaca-se, na Jurisprudência, a importância de diversos fatores intrínsecos para a confirmação da assinatura, como a agregação de metadados e coleta elementos adicionais (retratos, duplo fator de autenticação, confirmação de dados externos); bem como fatores extrínsecos à assinatura digital como a confirmação do negócio jurídico vinculado, tal como a entrega de mercadoria ou pagamento de valores em conta da parte (TJMS 5ª Câmara Cível. Apelação Cível - 0800118-40.2023.8.12.0029 Relator Des. Luiz Antônio Cavassa de Almeida. Julg. 04/OUT/2023; TJMS 5ª Câmara Cível. Apelação Cível - 0815948-33.2023.8.12.0001 Relatora Desª Jaceguara Dantas da Silva. Julg. 15/MAR/2024).

Com efeito, em recente apreciação da matéria, o Superior Tribunal de Justiça deliberou pela validade de assinaturas em geral, porém atento à ressalva da lei de que a ferramenta deve ser admitida pelas partes como válida ou aceito pela pessoa a quem for oposto o documento (STJ Terceira Turma RESP 2159442 - PR (2024/0267355-0) Rel Min Nancy Andrighi. Julg. 24/SET/2024).

A decisão destacou que as assinaturas qualificadas pela ICP-Brasil possuem maior força probatória, porém as demais assinaturas eletrônicas – assinaturas avançadas e simples - também possuem validade jurídica, cujo peso deve ser apreciado caso a caso.

Assinatura Eletrônica Simples

Por fim, a assinatura eletrônica simples apenas associa dados à identificação do suposto signatário. Ainda que prevista no art. 4º, I, da Lei 14.063/2020, carece de mecanismos de controle, mercê de frequentes vazamentos de dados pessoais sensíveis, ante a débil fiscalização por parte da Autoridade Nacional de Proteção de Dados – ANPD.

Com efeito, a assinatura simples permite tão somente identificar o signatário e associá-lo a dados a ele vinculados, por meio de mecanismos básicos, como criação de login e senha, envio de códigos por e-mail ou SMS, ou mesmo mero clique em botão de aceite. Embora apresente acessibilidade e baixo custo, essa modalidade apresenta fragilidades significativas em termos de segurança e força probatória.

PLATAFORMA GOV.BR

A plataforma digital unificada do Governo Federal - GOV.BR, instituída pelo Decreto 9.756/2019, alcançou mais de 137 milhões de usuários em 2023, integrando mais de 4.900 serviços públicos, incluindo serviços previdenciários, tributários, documentação civil, serviços educacionais, de saúde e acesso a sistemas judiciais e processuais eletrônicos (Brasil, 2023a).

O arcabouço normativo que fundamenta o sistema GOV.BR tem como principal marco a Lei 14.063/2020, que dispõe sobre o uso de assinaturas eletrônicas em interações com entes públicos (Brasil, 2020a). Esta legislação, regulamentada pelo Decreto 10.543/2020 (Brasil, 2020b), estabelece três níveis de assinaturas eletrônicas, que se alinham com padrões disponíveis na plataforma:

Nível Bronze (Assinatura Simples): realizada por vínculo entre usuário e senha, permite acesso a serviços de baixa sensibilidade.

Nível Prata (Assinatura Avançada): validação a partir de cotejo com bases de dados oficiais ou validação facial via aplicativo GOV.BR, incluindo biometria facial comparada às bases da CNH/VIO, validação via internet banking ou validação de servidor público federal.

Nível Ouro (Assinatura Avançada ou Qualificada): validação mais rigorosa da identidade do usuário, seja com biometria facial cadastrada no TSE ou combinação de multifatores (avançada), seja com o certificado digital compatível com ICP-Brasil (qualificada).

A prevalência do uso de biometria como mecanismo de autenticação enseja várias dificuldades. Os sistemas de reconhecimento facial podem ser vulneráveis a técnicas avançadas de manipulação de imagem, como demonstrado em estudos recentes sobre deepfakes (Tolosana et al., 2020). Ademais, a ausência de mecanismos robustos de detecção de vivacidade pode comprometer a segurança do sistema (Marcel et al., 2019). Observa-se, ainda, que a captura biométrica realizada remotamente, sem padronização adequada, pode resultar em amostras de qualidade variável (ISO/IEC, 2021), além do mais, a transmissão e armazenamento de dados biométricos exigem protocolos de segurança rigorosos (ABNT, 2020).

A validação documental à distância apresenta desafios para detecção de adulterações (OECD, 2020), bem como a inconsistências entre diferentes bases de dados podem comprometer a eficácia da verificação cruzada (TCU, 2022) e a ausência de etapas presenciais de verificação para serviços críticos pode representar risco adicional (ENISA, 2021). Não podendo ser esquecido que os processos de recuperação de acesso a contas do GOV.BR precisam equilibrar usabilidade e segurança (NIST, 2020)

Sistemas de identidade digital podem ser alvo de diferentes modalidades de fraude, conforme documentado pelo Centro de Estudos, Resposta e Tratamento de Incidentes de Segurança no Brasil (CERT.br, 2023), tais como a criação de identidades sintéticas combinando dados reais e fictícios; manipulação de dados biométricos etc. (FEBRABAN, 2023).

Recentemente, em 13 de maio de 2025, a Polícia Federal deflagrou a operação "Face Off", visando desarticular uma organização criminosa especializada em fraudar contas digitais vinculadas à plataforma GOV.BR. Os criminosos utilizavam técnicas de alteração facial – como fotografias grandes – para burlar sistemas de autenticação biométrica para obter acesso indevido às contas das vítimas. A operação resultou no cumprimento de cinco mandados de prisão temporária e dezesseis mandados de busca e apreensão, expedidos pela Justiça Federal de Brasília, em nove estados brasileiros, incluindo São Paulo, Minas Gerais e Ceará (Polícia Federal, 2025).

Entre as mais comuns, o uso indevido de fotografias ou vídeos para simular a presença do contratante em procedimentos de autenticação por biometria facial. Aplicativos que utilizam reconhecimento facial podem ser induzidos a erro mediante o uso de imagens em alta resolução, vídeos manipulados (deepfakes) ou técnicas de "face spoofing", onde máscaras ou fotografias animadas enganam o sistema. (Assad, 2025; e SERASA, 2025)

Também se destaca a captura clandestina de imagem do contratante — por meio de câmeras, redes sociais ou até mesmo chamadas de vídeo — para posteriormente aplicar a imagem em processos de autenticação facial. Nesses casos, a parte lesada pode sequer ter ciência da operação contratual fraudulenta, sendo surpreendida com dívidas ou obrigações indevidas.

ASSINATURA DIGITAL NA UNIÃO EUROPEIA (EIDAS 2.0)

O Regulamento eIDAS 2.0, também conhecido como Regulamento Identidade Digital Europeia (EUDI), é uma atualização do Regulamento

910/2014 do Parlamento Europeu e do Conselho, que estabelece um novo quadro para identidade digital na União Europeia. (DIGITAL SIGN, 2024). Esta nova versão do regulamento foi oficializada através do Regulamento (UE) 2024/1183 do Parlamento Europeu e do Conselho, publicado em 11 de abril de 2024, que alterou o regulamento original de 2014, criando um regime europeu para a identidade digital. (União Europeia, 2024).

O eIDAS 2.0 permite aos cidadãos europeus a utilização de carteira digital pessoal nos serviços públicos e privados em linha (online) e fora de linha em toda a UE (Comissão Europeia, 2025b); garantir a rápida adoção das carteiras europeias de identidade digital (União Europeia, 2024); proporcionar método seguro e confiável para os cidadãos provarem sua identidade e compartilharem documentos eletrônicos a partir de suas carteiras digitais europeias com apenas um clique no telefone (Comissão Europeia, 2025b).

A nova versão aborda os desafios da transformação digital acelerada e a demanda por soluções de identidade digital robustas, seguras e interoperáveis na União Europeia (União Europeia, 2024).

Em comparação com o modelo brasileiro, destacam-se as seguintes diferenças.

Abordagem Regulatória: Enquanto o eIDAS 2.0 estabelece um quadro transnacional em rede para toda a UE, o Brasil mantém um sistema nacional centralizado.

Carteira Digital: A UE implementa uma carteira digital unificada (EUDI Wallet) que integra todos os documentos e credenciais, enquanto o Brasil ainda opera com sistemas separados para diferentes documentos digitais e diferentes entes da federação.

Modelo de Governança: A UE adota um modelo federado com reconhecimento mútuo entre autoridades nacionais, enquanto o Brasil segue um modelo hierárquico centralizado na ICP-Brasil.

Evolução Tecnológica: O eIDAS 2.0 foi projetado com maior ênfase em tecnologias emergentes e preocupação com a soberania digital, enquanto o sistema brasileiro mantém foco na segurança jurídica tradicional, ainda sem preocupação com a dependência tecnológica.

Assim, a exigência de assinatura eletrônica qualificada limita o universo de partes que podem ser clientes uma vez que poucas pessoas no Brasil possuem o certificado digital, aproximadamente 3% da população total (ITI, 2025). Todavia, em outros países, como Portugal, por exemplo, os mecanismos de assinatura qualificada com certificação digital já estão vinculados ao próprio documento de identidade, o Cartão do Cidadão, amparado no Decreto-Lei 290-D/99 e Decreto-Lei 63/2003 (Portugal), de sorte a ampliar significativamente a possibilidade de adoção de mecanismo mais seguro.

VALIDADE DA PROVA NO PROCESSO

A substituição da assinatura física pela assinatura eletrônica é fenômeno irreversível. As assinaturas digitais tendem a consolidar-se como o novo padrão das relações negociais, acompanhando o ritmo da digitalização da economia e das interações sociais. No entanto, a confiança nesse novo paradigma não pode ser cega.

A assinatura, seja física ou eletrônica, é mecanismo de autenticação da identidade dos contratantes. O instrumento, além de registrar as cláusulas contratuais, atesta a identidade das partes. O reconhecimento de firma em cartório ou com testemunhas é exigência instituídas para promover a identificação dos signatários. Ao abandonar essas cautelas tradicionais em prol de assinatura sem tais formalidades, o contratante se sujeita a risco de invalidação do instrumento em eventual disputa judicial.

A assinatura eletrônica cumpre o mesmo papel. Porém, assim como o reconhecimento de firma por autenticidade traz maior segurança do que o reconhecimento por semelhança, diferentes tecnologias oferecem distintos graus de confiabilidade. A assinatura eletrônica qualificada assegura maior confiabilidade que a avançada, ainda que ambas sejam autorizadas pelo ordenamento.

O critério de escolha para cada modalidade de assinatura será o cotejo econômico dos custos de cada modalidade. O custo aqui pode ser entendido como a perda de oportunidades de negócios, mas também o prejuízo com vendas não reconhecidas.

Assim, em cada caso concreto, diferentes tecnologias oferecem diversos níveis de prova. Dentro da assinatura avançada, é importante considerar que alguns aplicativos coletam dados e metadados para incrementar a confiabilidade de seus sistemas. Podem, por exemplo, coletar imagens de documento de identidade, como a CNH, o retrato da parte no momento, bem como coletar o IP, localização GPS, data e hora da autenticação.

É fundamental que operadores do Direito compreendam as tecnologias envolvidas para avaliar corretamente as provas digitais. Isso contribui para uma jurisprudência consistente, alinhada à segurança jurídica e sensível às particularidades dos ambientes digitais. O papel do Judiciário é central nesse processo: não apenas como árbitro dos conflitos, mas como agente de desenvolvimento institucional da confiança digital.

REFERÊNCIAS

ABNT. (2020). ABNT NBR ISO/IEC 27701:2020: Técnicas de segurança — Extensão da ABNT NBR ISO/IEC 27001 e ABNT NBR ISO/IEC 27002 para gestão da privacidade da informação — Requisitos e diretrizes. ABNT.

Albuquerque, V. V. C. (2025). Notas preliminares sobre smart contracts. Revista da AGU, 24(1). https://doi.org/10.25109/2525-328X.v.24.n.01.2025.3305

Assad, P. (2025, 6 de junho). Ladrões de rosto: como criminosos usam a tecnologia para burlar a biometria facial e aplicar golpes. Jornal Globo. https://oglobo.globo.com/brasil/noticia/2025/06/06/ladroes-de-rosto-como-criminosos-usam-a-tecnologia-para-burlar-a-biometria-facial-e-aplicar-golpes.ghtml

Belmudes, G. (2021). Smart Contracts e os direitos dos titulares de dados pessoais. Revista de Direito e as Novas Tecnologias, 4(10). http://revistadostribunais.com.br/maf/app/document?stid=strql&marg=DTR-2021-3342

Brasil. (2001). Medida Provisória 2.200-2, de 24 de agosto de 2001. Institui a Infraestrutura de Chaves Públicas Brasileira - ICP-Brasil.

Brasil. (2018). Lei n. 13.709, de 14 de agosto de 2018. Lei Geral de Proteção de Dados Pessoais (LGPD).

Brasil. (2019). Decreto nº 9.756, de 11 de abril de 2019. Institui o portal único "gov.br" e dispõe sobre as regras de unificação dos canais digitais do Governo federal. Diário Oficial da União.

Brasil. (2020a). Lei nº 14.063, de 23 de setembro de 2020. Dispõe sobre o uso de assinaturas eletrônicas em interações com entes públicos. Diário Oficial da União.

Brasil. (2020b). Decreto nº 10.543, de 13 de novembro de 2020. Estabelece regras para o uso de assinaturas eletrônicas na administração pública federal. Diário Oficial da União.

Brasil. (2021). Lei nº 14.129, de 29 de março de 2021. Lei de Governo Digital. Diário Oficial da União.

Brasil, Ministério da Gestão e da Inovação em Serviços Públicos. (2023). Relatório de Avaliação da Plataforma GOV.BR 2023. MGI.

Canetti, R., Krawczyk, H., Nielsen, J., & Rabin, T. (2020). On the security of the UMTS and LTE authentication and key agreement protocols. ACM Transactions on Information and System Security, 23(1), 1-37.

Chapchap, G. (2024, 21 de fevereiro). Por que o e-commerce continuará crescendo no Brasil? Portal E-Commerce Brasil. https://www.ecommercebrasil.com.br/artigos/por-que-o-e-commerce-continuara-crescendo-no-brasil

Coelho, F. U. (2021). Curso de direito civil: parte geral (9ª ed.). Thomson Reuters Brasil.

Comissão Europeia. (2025a). Regulamento Identidade Digital Europeia (EUDI). https://digital-strategy.ec.europa.eu/pt/policies/eudi-regulation

Comissão Europeia. (2025b). Identidade Digital Europeia. https://commission.europa.eu/strategy-and-policy/priorities-2019-2024/europe-fit-digital-age/european-digital-identity_pt

Correia, M. P. (2003). Assinatura electrônica e certificação digital. https://www.apdi.pt/artigos/

Digital Sign. (2024, 20 de maio). eIDAS 2.0: A nova identidade digital europeia. Blog Digital Sign. https://blog.digitalsign.pt/index.php/2024/05/20/eidas-2-0/

ENISA. (2021). Remote ID Proofing: Analysis of methods to carry out identity proofing remotely. European Union Agency for Cybersecurity.

FEBRABAN. (2023). Panorama das Fraudes Digitais no Brasil. Federação Brasileira de Bancos.

Figueiredo, M. (2025, 14 de maio). Transformação digital nos serviços públicos: desafios e limitações da assinatura do gov.br. Consultor Jurídico. https://www.conjur.com.br/2025-mai-14/transformacao-digital-nos-servicos-publicos-desafios-e-limitacoes-da-assinatura-do-gov-br/

Grassi, P. A., Garcia, M. E., & Fenton, J. L. (2017). Digital identity guidelines: Authentication and lifecycle management. NIST Special Publication 800-63B.

ISO/IEC. (2021). ISO/IEC 30107-3:2021: Information technology — Biometric presentation attack detection — Part 3: Testing and reporting. ISO/IEC.

ITI. (2022). Guia de Boas Práticas em Assinaturas Digitais na ICP-Brasil. Instituto Nacional de Tecnologia da Informação.

Lima, C. C. C. (2022). Contratos eletrônicos e a responsabilidade civil das plataformas digitais. Revista de Direito Civil Contemporâneo, 30, 237-268.

Marcel, S., Nixon, M. S., Fierrez, J., & Evans, N. (2019). Handbook of Biometric Anti-Spoofing: Presentation Attack Detection (2ª ed.). Springer.

Marques, C. L., & Mucelin, G. (2022). Vulnerabilidade na era digital: um estudo sobre os fatores de vulnerabilidade da pessoa natural nas plataformas, a partir da dogmática do Direito do Consumidor. Civilistica.com, 11(3). https://civilistica.emnuvens.com.br/redc/article/view/872

Menke, F. (2005). Assinatura eletrônica: aspectos jurídicos no direito brasileiro. Editora Revista dos Tribunais.

NIST. (2020). Digital Identity Guidelines: Authentication and Lifecycle Management. Special Publication 800-63B. National Institute of Standards and Technology.

OECD. (2020). Digital Identity Management: Enabling Innovation and Trust in the Internet Economy. OECD Publishing.

Pinheiro, P. P. (2021). Direito digital (8ª ed.). Saraiva.

Polícia Federal. (2025, 13 de maio). PF deflagra a operação Face Off contra fraudadores de contas vinculadas à Plataforma GOV.BR. Gov.br. https://www.gov.br/pf/pt-br/assuntos/noticias/2025/05/pf-deflagra-a-operacao-face-off-contra-fraudadores-de-contas-vinculadas-a-plataforma-gov.br

Sena, V. (2021, 11 de março). China está prestes a ser o primeiro país onde o e-commerce supera as lojas físicas. EXAME. https://classic.exame.com/negocios/china-esta-prestes-a-ser-o-primeiro-pais-onde-o-e-commerce-supera-as-lojas-fisicas/

Serasa. (2025, 23 de abril). Golpe da selfie: como funciona e como se proteger. https://www.serasa.com.br/premium/blog/confira-como-funciona-golpe-selfie-se-proteja/

Soares, D. V., & Carvalho, E. B. P. (2023). Fraudes em Contratos Eletrônicos de Empréstimos Bancários: Vulnerabilidade do Consumidor, Inteligência Artificial e Prova Pericial em Sistemas de Biometria. Revista Pensamento Jurídico, 17(2), 11-12.

União Europeia. (2024). Regulamento (UE) 2024/1183 do Parlamento Europeu e do Conselho, de 11 de abril de 2024, que altera o Regulamento

(UE) n.º 910/2014 no que diz respeito à criação de um regime europeu para a identidade digital.

USO DE IA GENERATIVA EM TRABALHOS CIENTÍFICOS

Autores:

Camila Campos Jacobs

Alfredo Freitas

Podemos especular se em toda a história da universidade alguma tecnologia a impactou mais do que a IA generativa. Isso porque o uso indiscriminado dessa ferramenta tecnológica em substituição ao trabalho do pesquisador pode ter consequências gravíssimas para o futuro da universidade e da ciência.

Assim como uma parede não consiste em um amontoado de tijolos, o texto científico não é um amontoado de palavras, citações e referências. Assim como uma parede possui uma base, colunas e vigas para se sustentar e é construída a partir de um planejamento, o texto científico advém de fontes confiáveis, da aplicação de um método e do trabalho de reflexão do pesquisador executado a partir de um planejamento prévio. Uma parede construída a partir do simples ajuntamento de tijolos será fraca e não ficará de pé por muito tempo, assim como um texto construído a partir da simples união de palavras, citações e referências será superficial e não fará sentido quando analisado com um mínimo de atenção e profundidade.

Nesta breve reflexão, buscamos tratar do uso da IA na elaboração de trabalhos científicos e do impacto do uso dessa ferramenta tecnológica na confiabilidade do trabalho. Uma vez utilizada, a IA se torna uma fonte do trabalho científico, impactando, assim, a sua confiabilidade. É isso que se busca demonstrar nesta breve reflexão.

IA GENERATIVA

Inteligência artificial é uma solução de software que recebe um treinamento para fazer algo e acaba por ser capaz de resolver não só os problemas exatamente iguais aos informados no treinamento, mas também outros que possam ser similares, ou seja, assume um comportamento de inteligência que aprendeu e é capaz de adaptar a aplicação do seu aprendizado, bem como seguir aprendendo e se adaptando.

Uma forma simples de entender o que é uma inteligência artificial é pensar em um sistema de transações de cartão de crédito para identificar fraudes. A operadora apresenta ao sistema de IA milhares ou milhões de transações e indica se cada operação é uma fraude ou não e o tamanho da perda financeira (nos casos de fraude). Com esses dados, o sistema aprende e tenta fazer associações neurais diversas e complexas para serem aplicadas a novas situações nas quais o sistema deverá identificar a probabilidade de fraude e, assim, barrar ou aprovar uma transação previamente. Note que, neste cenário, o sistema teve acesso a tantos dados de fraudes que é capaz de decidir se uma nova situação parece ser ou não uma fraude, ou seja, ele aprovará ou negará a tentativa por suspeita de fraude.

Assim como no caso das fraudes bancárias, é indiscutível que a inteligência artificial impacta e pode ajudar na produtividade de muitos profissionais das mais diversas áreas. O que se discute aqui, entretanto, é o uso da IA generativa e os seus riscos na produção de textos científicos. Afinal,

> Embora a IAGen possa produzir novo conteúdo, ela não pode gerar novas ideias ou soluções para desafios do mundo real, pois não compreende objetos ou relações sociais do mundo real que sustentam a linguagem. Além disso, apesar de sua produção fluida e

impressionante, não se pode confiar na precisão da IAGen (Unesco, 2024, p.8).

A IA nem mesmo produz o texto a partir de uma reflexão, ela "utiliza padrões estatísticos para prever quais palavras ou frases poderiam formar uma resposta coerente ao estímulo" (Unesco, 2024, p.9).

PRODUÇÃO DE TEXTOS CIENTÍFICOS

O conhecimento científico, produto da atividade científica, é um conhecimento considerado mais seguro do que os demais tipos de conhecimento devido ao conjunto de características que apresenta, entre elas:

É um conhecimento produzido a partir de um planejamento e não de forma espontânea.

É um conhecimento que busca desvelar a realidade escondida por trás da aparência sensível dos fenômenos.

É um conhecimento produzido a partir de método.

É um conhecimento organizado, sistemático, fidedigno, falível, substituível, etc.

Fachin (2006, p.15) ressalta que o conhecimento científico se diferencia do senso comum por se preocupar com "... a abordagem sistemática dos fenômenos (objetos)...", bem como "... pela maneira como se processa e pelos instrumentos metodológicos que utiliza...".

O cientista, visando trazer ao mundo conhecimentos genuinamente científicos, deve realizar a sua pesquisa sempre tendo em mente que deve produzir conhecimentos a partir de um planejamento e da aplicação de um método. Caso contrário, estará produzindo nada mais do que senso comum.

O trabalho científico, seja uma dissertação, tese ou outro tipo de relatório de pesquisa, apresenta de forma escrita os achados da pesquisa que fora realizada, demonstrando qual foi o caminho (método) percorrido pelo pesquisador, quais foram as suas premissas, quais foram as teorias aplicadas, os procedimentos utilizados, etc. Como bem lembram Lakatos e Marconi (2008, p.83), "... não há ciência sem o emprego de métodos científicos".

Como não se trata de uma produção textual qualquer e sim de um relatório de pesquisa científica, o trabalho científico possui características muito próprias que envolvem o uso de um tipo específico de linguagem, clareza e exatidão no uso das palavras, cuidados com a confiabilidade das fontes, etc. Umberto Eco (2008, p.40), discutindo sobre as fontes primárias e secundárias, já dizia: "a única coisa que não deverão fazer é citar uma fonte de segunda mão fingindo ter visto o original...". O autor fez essa afirmação no contexto de exposição sobre a importância de o pesquisador acessar as fontes primárias e não se contentar com as fontes secundárias, menos confiáveis. Segundo o autor, "... um trabalho científico sério não deveria jamais citar uma citação..." (Eco, 2008, p.40).

A confiabilidade das fontes é um ponto fundamental do trabalho científico, uma vez que, se as fontes não forem confiáveis, como o próprio relatório de pesquisa poderia ser? Como um conhecimento produzido a partir de fontes que não são confiáveis poderia ser mais seguro e confiável? Dessa forma, garantir a confiabilidade das fontes da pesquisa é uma tarefa essencial a ser cumprida pelo pesquisador. Neste ponto, o tema IA generativa se cruza com o tema trabalho científico. O pesquisador pode garantir a confiabilidade das fontes uma vez que tenha utilizado uma IA generativa para produzir o texto do seu relatório ou mesmo apenas solicitado informações? Até que ponto o texto produzido por uma IA generativa realmente consiste em um relatório de pesquisa ou é, simplesmente, um amontoado de palavras em formato de texto?

CONFIABILIDADE DAS FONTES E O USO DE IA

A nossa premissa é de que, hoje, a IA generativa não é uma fonte confiável para a pesquisa científica. Ela pode ter (e realmente demonstra ter) aplicação em outras diversas situações, mas não é uma fonte adequada para a pesquisa científica. Vamos explorar as características do conhecimento científico e as boas práticas usuais no meio científico para demonstrar isso.

O conhecimento científico não surge espontaneamente como o senso comum. Ele é produzido por meio de estudos científicos previamente planejados. A forma como usualmente se planeja uma pesquisa científica é pela produção de um projeto de pesquisa. Esse documento registra os pressupostos do estudo, o método, os objetivos, etc.

O pesquisador deve ser capaz de compreender e explicar todo o planejamento do estudo (todo o caminho percorrido), desde a definição do seu objeto de estudo até a finalização do relatório com a produção de conhecimento científico. Se a IA realiza parte desse caminho e a forma como ela percorre o caminho é desconhecida pelo pesquisador, como ele poderia explicá-lo? Como o pesquisador poderia garantir que o estudo é fidedigno se as escolhas ou decisões não foram tomadas por ele (ou, pelo menos, parte delas)?

Em simples palavras, o método nada mais é do que o caminho percorrido pelo pesquisador ao longo da pesquisa. O método científico consiste na descrição detalhada dos pressupostos da pesquisa e dos procedimentos utilizados. Quando o pesquisador faz a escolha dos autores que irão compor o seu estudo, ele deve ser capaz de demonstrar por que aqueles autores foram os escolhidos. Deve ser capaz de justificar por que outros tantos ficaram de fora de seu estudo.

Quando a IA faz a escolha dos autores, quais foram os critérios de escolha? Por que os autores A e B são importantes para o estudo e os autores C e D não são? Mais grave ainda é o caso quando a IA escreve o texto em substituição ao pesquisador, pois:

1. a interpretação da IA pode não estar de acordo com a interpretação que o pesquisador teria das mesmas fontes;

2. não se tem garantia a respeito da legitimidade e da confiabilidade das fontes utilizadas pela IA;

3. a autoria do texto não é do pesquisador e sim da IA e o devido crédito deveria ser dado a ela.

No que concerne ao ponto um, quem garante que a interpretação da IA sobre os autores ou obras solicitados faz sentido ou seria a mesma interpretação que o pesquisador teria? Ou mesmo se ela é uma interpretação correta no sentido de aceitável/razoável. Se o pesquisador conhecesse bem os autores ou obras a ponto de poder legitimar a interpretação da IA, ele mesmo poderia ter escrito o texto.

Quanto ao ponto dois, como mencionado anteriormente, a confiabilidade das fontes é fundamental em um estudo científico. Como garantir que as fontes indicadas pela IA realmente foram (e apenas estas) as fontes utilizadas? Mais uma vez, como garantir que a interpretação está correta? Como garantir que não foram utilizadas fontes inadequadas para a pesquisa científica?

Os professores de metodologia científica dedicam grandes esforços a explicar aos seus alunos como selecionar textos academicamente adequados. Ressaltam que os textos devem ter autoria; que o autor do texto deve ter legitimidade para tratar do tema; que se deve evitar o uso de citações de segunda mão; que os textos devem ser acadêmico-científicos; porém, as diferentes IAs generativas não necessariamente têm esse mesmo cuidado. E mesmo que pareçam ter, é possível confiar? Em quais tipos de texto elas buscam as informações? Mesmo que ela receba o comando para buscar determinado tipo de texto, como podemos garantir que a ordem foi realmente executada?

Alguns podem perguntar: é possível confiar no pesquisador? Realmente, há inúmeros exemplos, ao longo dos tempos, de pesquisadores que cometeram erros ou agiram de má-fé e até mesmo produziram dados falsos, porém, o pesquisador coloca o seu nome no relatório da pesquisa. Ele coloca a sua credibilidade no estudo científico. A IA não tem compromisso com a credibilidade ou as consequências de seus atos.

Para clarear um pouco mais a problemática a respeito da IA como fonte, façamos um comparativo com outras ferramentas tecnológicas. Quando o pesquisador utiliza o Excel, por exemplo, ele deve incluir, no trabalho, como o Excel foi utilizado, qual foi a versão utilizada, quais foram as funcionalidades utilizadas e quais foram os dados produzidos com o Excel. Quando o pesquisador utiliza o SPSS ou até mesmo a calculadora, ele deve incluir, no trabalho, informações sobre a ferramenta utilizada e os dados obtidos. Da mesma forma, quando utiliza uma IA generativa, o pesquisador não deveria esconder que a utilizou, devendo esclarecer como se deu o seu uso e quais foram os dados obtidos por meio dela.

Adicionalmente, no Excel, no SPSS e em tantas outras ferramentas tecnológicas utilizadas pelos pesquisadores para auxiliar e até atribuir maior confiabilidade aos seus estudos, normalmente, os dados são carregados pelo próprio pesquisador e ficam disponíveis no seu computador, banco de dados, etc. No caso das IAs generativas, o que se tem visto amplamente é que, uma vez que informações sejam colocadas na IA, perde-se o seu controle para sempre, assim como não se sabe bem de onde vem as informações entregues por ela. É notório que muitas inventam informações, fontes e referências.

Segundo a Unesco (2024, p.16),

> a desconexão entre os modelos de IAGen "parecerem" entender os textos que usam e geram, e a "realidade" de que não entendem a linguagem e o mundo real, pode levar professores e estudantes a depositarem nos resultados um nível de confiança não justificado. Isso representa sérios riscos para o futuro da educação. De fato, a IAGen não é informada com base em observações do mundo real ou em outros aspectos fundamentais do método científico, nem está

alinhada com valores humanos ou sociais. Por essas razões, ela não consegue gerar conteúdo genuinamente novo sobre o mundo real, objetos e suas relações, pessoas e relações sociais, relações humano-objeto ou relações humano-tecnologia.

No tocante ao terceiro ponto, sabe-se que é uma boa prática extremamente importante e valorizada no campo acadêmico dar os devidos créditos a quem realmente atuou em um determinado estudo científico. Não é aceito, por exemplo, que um doutorando peça a um amigo para escrever a sua tese de doutorado. O devido crédito deve ser dado a quem realmente produziu o estudo. Não é aceito, no meio científico, a venda ou simples troca da autoria. Nos Estados Unidos, por exemplo, existe a prática legalizada do ghostwriter, porém, esta não é uma prática aceita no campo acadêmico-científico e pode levar até a expulsão de estudantes.

Se não é possível solicitar que uma pessoa escreva o trabalho para outra, como poderia ser aceitável que uma inteligência artificial o escrevesse? A autoria do texto, sendo da IA, deveria ser creditada a ela e não ao pesquisador. O mesmo vale para o caso da produção de resumos. Alguns defendem que se pode solicitar resumos de livros para a IA a fim de diminuir o tempo de leitura. No entanto, se o pesquisador leu o resumo, este deveria constar em suas referências bibliográficas e não o livro original, assim como é o caso quando se lê uma resenha de livro (embora, como bem aponta Umberto Eco, fontes secundárias devam ser utilizadas com parcimônia). É uma prática amplamente consolidada no meio acadêmico-científico que apenas se pode incluir nas referências bibliográficas as obras que realmente foram lidas pelo pesquisador.

PROPOSTA PARA AVALIAR OS LIMITES NO USO DE IA EM TRABALHOS CIENTÍFICOS

Nossa proposta é de que a inteligência artificial seja encarada como se fosse uma outra pessoa e sejam aplicadas a ela as boas práticas que já existem e estão amplamente consolidadas no meio acadêmico-científico. Por exemplo: se não é aceitável solicitar a alguém que escreva a dissertação de outra pessoa, também não é aceitável solicitar isso para uma IA. Se não se pode incluir nas referências textos que não foram realmente lidos pelo pesquisador, também não se pode incluir os textos lidos pela IA e não lidos pelo pesquisador. Se a IA foi utilizada, qualquer que seja o seu uso, este deve estar descrito no método. Sampaio et al (2024), por exemplo, defende que o pesquisador deve manter uma documentação detalhada e precisa a respeito do uso da IA, inclusive prompts e resultados obtidos que não foram incluídos no trabalho final.

Uma vez que o pesquisador tenha tomado a decisão de utilizar a IA, seja qual for o uso, este deve estar descrito no método e deve ser dada a chance aos outros pesquisadores de analisar e avaliar esse uso. Seja qual for o método empregado na realização de uma pesquisa científica, é crucial que ele esteja correta e minuciosamente descrito para que os pares possam julgar se confiam nos resultados obtidos ou não.

Ao utilizar a inteligência artificial generativa para a produção de trabalhos científicos sem nem mesmo descrever o seu uso já se incorre em uma falha na descrição do método. Mais do que isso, ao utilizar a inteligência artificial na produção de trabalhos científicos, descrevendo ou não o seu uso, temos um problema de confiabilidade de fontes que deve ser discutido pela comunidade científica ou correremos o risco de disseminar um falso conhecimento científico, um conhecimento que nada mais é do que um senso comum com aparência de conhecimento científico, um conhecimento que não é seguro, fidedigno, planejado, metódico, etc.

REFERÊNCIAS BIBLIOGRÁFICAS

Eco, U. (2008). Como se faz uma tese. Perspectiva.

Fachin, O. (2006). Fundamentos de metodologia. Saraiva.

Lakatos, E. M. & Marconi, M. A. (2008). Fundamentos de metodologia científica. Atlas.

Sampaio, R. C.; Sabbatini, M.; & Limongi, R. (2024). Diretrizes para o uso ético e responsável da inteligência artificial generativa: um guia prático para pesquisadores. São Paulo: Sociedade Brasileira de Estudos Interdisciplinares da Comunicação. https://prpg.unicamp.br/wp-content/uploads/sites/10/2025/01/livro-diretrizes-ia-1.pdf

Unesco. (2024). Guia para a IA generativa na educação e na pesquisa. https://unesdoc.unesco.org/ark:/48223/pf0000390241/PDF/390241por.pdf.multi

O DESPERTAR DA QUESTÃO NEUROTECNOLÓGICA E SEUS DILEMAS PARA O DIREITO

Autora:

Deborah do Valle Montenegro

O século XXI é marcado por uma transformação digital sem precedentes, impulsionada pela convergência de tecnologias que unem sistemas inteligentes, uma internet cada vez mais presente e móvel, sensores menores e mais potentes, além de avanços notáveis em inteligência artificial e aprendizado de máquina. Esse movimento, conhecido como Quarta Revolução Industrial, é singular porque dissolve as fronteiras entre os mundos físico, digital e biológico, criando novas formas de interação e possibilidades antes inimagináveis (Schwab, 2016, p.6).

Entre as inovações emergentes, as neurotecnologias configuram-se como uma das inovações mais disruptivas da atualidade. Giordano (2012, p.4) as define como "dispositivos utilizados para investigar, avaliar, acessar e manipular a estrutura e a função dos sistemas neurais."[1], abrangendo tanto tecnologias de avaliação quanto intervencionistas, com aplicações que vão da medicina e reabilitação ao aumento cognitivo e ao aprimoramento do desempenho humano.

Os avanços já permitem, por exemplo, que pessoas com paralisia movimentem membros robóticos ou interajam com dispositivos externos apenas pelo pensamento, por meio de interfaces cérebro-computador (ICCs). No entanto, esses mesmos recursos levantam preocupações crescentes sobre seus impactos na autonomia e na liberdade individuais. A capacidade de decodificar pensamentos, influenciar decisões e monitorar padrões cerebrais deixou de ser ficção científica e tornou-se um potencial concreto. Farahany (2023, p.97), adverte "devido à sua capacidade de roubar nossa personalidade, agência e a própria capacidade de fazer escolhas, eles estão entre as ameaças mais gritantes à nossa autodeterminação e liberdade de pensamento"[2].

A ausência de marcos normativos específicos amplia o risco de que empresas, governos e laboratórios utilizem essas ferramentas para fins discriminatórios, manipulativos ou invasivos. Ienca e Andorno (2017, p.15) são categóricos ao afirmar que "os atuais direitos de privacidade e proteção de dados são insuficientes para lidar com os cenários neurotecnológicos emergentes"[3]. Nesse mesmo sentido, organismos como a Neurorights Foundation, a OCDE e a UNESCO alertam para a urgência de regulamentações que previnam a

---

1 Tradução livre do trecho: In general, neurotechnology could be defined as those "devices that are utilized to investigate, assess, access, and manipulate the structure and function of neural systems."

2 Tradução livre do trecho: Because of their capacity to rob of us our personhood, agency, and very capacity to make choices, they are among the starkest threats to our self-determination and freedom of thought.

3 Tradução livre do trecho: current privacy and data protection rights are insufficient to cope with the emerging neurotechnological scenarios.

exploração indevida da mente humana e preservem valores como dignidade, liberdade e igualdade.

Essa inquietação não é nova. Como observa Luger (2013), a história humana é marcada pelo temor de que a busca pelo conhecimento possa conduzir à própria ruína, uma narrativa que perpassa mitos, tragédias e reflexões filosóficas. A diferença é que, no contexto atual, a velocidade e a profundidade das transformações tecnológicas tornam tais consequências "mais prováveis, até mesmo iminentes" (pp.3-4).

Diante desse panorama, este artigo propõe examinar a necessidade de proteger juridicamente os dados neurais e de reconhecer os neurodireitos como categoria autônoma no ordenamento jurídico. Para isso, serão analisados os principais desafios éticos e jurídicos, o cenário regulatório brasileiro e internacional e as propostas normativas mais relevantes, com o objetivo de delinear um modelo regulatório que concilie inovação tecnológica e proteção de direitos fundamentais, orientado por dignidade, precaução e autonomia cognitiva — colocando o ser humano no centro do desenvolvimento neurotecnológico.

NEUROCIÊNCIA E NEUROTECNOLOGIA

A integração entre neurociência e tecnologia deu origem a um campo dinâmico e interdisciplinar voltado a compreender e interagir com a atividade cerebral. Essa convergência promete transformar a saúde, a compreensão do comportamento humano e a salvaguarda de direitos fundamentais.

A neurociência é definida como o "o campo do conhecimento que estuda o sistema nervoso, incluindo a estrutura, função, desenvolvimento, genética, evolução e patologia do sistema nervoso e do cérebro." (Santos & Coutinho, 2024, p.2611). Por sua vez, Kandel et al. (2023, p.3) ressaltam que, nas últimas décadas, a pesquisa neurocientífica tem se voltado principalmente para a biologia da mente, buscando desvendar os processos pelos quais os seres humanos percebem, aprendem, agem e se recordam.

Já a neurotecnologia, por sua vez, abrange "métodos, sistemas e instrumentos que estabelecem um caminho de conexão direta com o cérebro humano, por meio do qual a atividade neuronal pode ser registrada e/ou influenciada"[4] (Ienca, 2021, pp.1-2). Entre as inovações, destacam-se as Interfaces Cérebro-Computador (ICCs), capazes de captar sinais cerebrais e traduzi-los em comandos artificiais que substituem, melhoram ou complementam funções naturais do cérebro, transformando a forma como o indivíduo interage com o corpo e com o ambiente (Wolpaw & Wolpaw, 2012). Segundo Tan e Nijholt (2010) e Wolpaw e Wolpaw (2012), as ICCs podem ser classificadas em:

- ICCs não invasivas: Registram a atividade cerebral espontânea por meio de sensores externos, como eletroencefalograma (EEG) ou espectroscopia no infravermelho próximo (functional Near-Infrared Spectroscopy – fNIRS). Em contextos de pesquisa, também podem empregar técnicas como ressonância magnética funcional (fMRI), embora esta seja menos prática para aplicações cotidianas devido ao seu custo e porte. Essas ICCs utilizam algoritmos de aprendizado de máquina para traduzir sinais neurais em comandos, permitindo, por exemplo, movimentar um cursor na tela ou controlar dispositivos assistivos.

- ICCs invasivas: Exigem a implantação de eletrodos diretamente no tecido cerebral, o que possibilita registrar sinais neurais com alta resolução e, em alguns casos, estimular áreas específicas. Essa abordagem pode ser empregada em pesquisas de controle de próteses neurais ou na reabilitação motora. No campo clínico, técnicas de neuromodulação invasiva, como a estimulação cerebral profunda (ECP) usada no tratamento da doença de Parkinson e da epilepsia, compartilham aspectos tecnológicos semelhantes,

---

4 Tradução livre do trecho: methods, systems and instruments that establish a direct connection pathway to the human brain through which neuronal activity can be recorded and/or influenced.

embora sejam tradicionalmente classificadas como intervenções terapêuticas e não como ICCs de uso geral.

O avanço dessas tecnologias é impulsionado pela inteligência artificial (IA), especialmente por técnicas de machine learning e deep learning, essenciais para decodificar padrões neurais complexos e convertê-los em comandos computacionais. No campo clínico, destacam-se aplicações como ECP para distúrbios neurológicos refratários, sistemas para detecção de crises epilépticas e controle de próteses neurais (Hain et al., 2023; Wolpaw & Wolpaw, 2012). Pesquisas de fronteira investigam a reconstrução de fala e imagens mentais a partir de sinais cerebrais (Tang et al., 2023; Yuste, 2023), biomarcadores para diagnóstico precoce de doenças neurodegenerativas (Stam, 2014), neuromodulação para potencializar memória e reabilitação cognitiva e, de forma mais especulativa, ferramentas de educação personalizada (UNESCO, 2023).

Apesar do potencial transformador, os riscos são significativos. Tang et al. (2023, pp.858-865) demonstraram a possibilidade de reconstruir linguagem contínua a partir de sinais obtidos por fMRI, evidenciando que a privacidade mental pode ser comprometida. Embora a decodificação dependa da cooperação do indivíduo e possa ser bloqueada conscientemente, o avanço da tecnologia torna indispensável a conscientização dos usuários sobre riscos e a formulação de políticas de proteção adequadas.

Mesmo tecnologias não invasivas, consideradas menos intrusivas, suscitam preocupações quando aplicadas fora do contexto médico. Empresas como

NextSense[5] e Emotiv[6] já comercializam dispositivos de monitoramento neural (EEG) para uso doméstico e corporativo, levantando questões sobre consentimento informado, segurança de dados e possíveis formas de vigilância cognitiva.

Nita Farahany (2023, p.7) alerta que:

> A mesma neurociência que nos dá acesso íntimo a nós mesmos pode permitir que empresas, governos e todos os tipos de atores que não necessariamente têm os nossos melhores interesses em mente também tenham acesso. (. . .) estamos caminhando rapidamente para um mundo de transparência cerebral, no qual cientistas, médicos, governos e empresas podem espiar nossos cérebros e mentes à vontade. E me preocupa que, neste futuro que se aproxima rapidamente, cedamos, voluntária ou involuntariamente, nosso último bastião de liberdade: nossa privacidade mental.[7]

---

5 Nota: A NextSense é uma empresa especializada em neurotecnologia aplicada ao sono, desenvolvendo dispositivos baseados em sensores EEG para monitorar a atividade cerebral e oferecer soluções personalizadas que prometem um descanso mais saudável e restaurador.

6 Nota: A EMOTIV é uma empresa de bioinformática especializada no uso de eletroencefalografia (EEG) para compreender o funcionamento do cérebro humano. Fundada em 2011 e sediada em São Francisco (EUA), desenvolve tecnologias de interface cérebro-computador (BCI) aplicadas em áreas como pesquisa científica, saúde mental, neurociência, jogos, automação e acessibilidade, com foco em monitoramento cognitivo, emoções e controle de dispositivos físicos e virtuais.

7 Tradução livre do trecho: The same neuroscience that gives us intimate access to ourselves can allow companies, governments, and all kinds of actors who don't necessarily have our best interests in mind access too. (...) we are rapidly heading toward a world of brain transparency, in which scientists, doctors, governments, and

A UNESCO (2024) acrescenta que tecnologias capazes de ler e registrar estados mentais, mesmo sem contato direto com o cérebro — como rastreamento ocular e análise de padrões de voz —, devem integrar o debate ético e regulatório.

Dessa forma, a neurotecnologia deve ser entendida como qualquer recurso capaz de interpretar, visualizar, decodificar ou modificar o funcionamento cerebral, com todas as implicações jurídicas, éticas e sociais decorrentes.

Considerando o princípio da dignidade da pessoa humana, o uso indevido dessas tecnologias ameaça a autonomia individual e a integridade do foro íntimo. Como provoca Harari (2016, p.286), "a contradição entre livre-arbítrio e ciência contemporânea é o elefante na loja de porcelanas, aquele que muitos preferem não ver quando olham pelo microscópio ou pelo scanner de ressonância magnética".

Assim, dada a capacidade dessas tecnologias de decodificar e até influenciar substratos da consciência, emerge a questão essencial que guiará a discussão seguinte: qual deve ser a natureza e o regime de proteção jurídica dos dados neurais? Essa é a chave para compreender os limites e garantias necessárias à preservação da autonomia cognitiva na era digital.

A PROTEÇÃO JURÍDICA DOS DADOS PESSOAIS NEURAIS E SEUS DESAFIOS

O avanço das neurotecnologias introduziu a capacidade inédita de acessar, registrar e processar informações diretamente do sistema nervoso central, muitas vezes sem qualquer mediação consciente do indivíduo. Isso levanta uma questão central: qual deve ser o status jurídico e ético dos dados

---

companies may peer into our brains and minds at will. And I worry that in this rapidly approaching future, we will voluntarily or involuntarily surrender our last bastion of freedom: our mental privacy. (p.7)

neurais? De forma sintética, dados neurais podem ser definidos como "dados relacionados ao funcionamento ou à estrutura do cérebro humano de um indivíduo identificado ou identificável, que incluem informações exclusivas sobre sua fisiologia, saúde ou estados mentais"[8] (Garden et al., 2019, p.6).

Pelo enquadramento atual, esses dados se relacionam diretamente com a saúde neurológica e mental, sendo classificados como dados pessoais sensíveis tanto pelo Regulamento Geral de Proteção de Dados da União Europeia (Art. 9º[9]) quanto pela Lei Geral de Proteção de Dados brasileira (Art. 5º, II[10]). Contudo, a classificação legal existente é insuficiente diante do seu potencial de revelar aspectos profundos da identidade, da cognição e da vida mental.

A UNESCO (2024), por exemplo, questiona se tais dados não deveriam receber um "status especial", dada sua centralidade para capacidades como autoidentidade, humor e processos mentais. Por se originarem do cérebro — base da cognição, da identidade e da liberdade —, podem ser compreendidos como a essência do "eu", justificando uma proteção reforçada (UNESCO, 2024, p.3).

---

8 Tradução livre do trecho: Personal brain data: data relating to the functioning or structure of the human brain of an identified or identifiable individual that includes unique information about their physiology, health, or mental states.

9 Artigo 9º. Tratamento de categorias especiais de dados pessoais 1. É proibido o tratamento de dados pessoais que revelem a origem racial ou étnica, as opiniões políticas, as convicções religiosas ou filosóficas, ou a filiação sindical, bem como o tratamento de dados genéticos, dados biométricos para identificar uma pessoa de forma inequívoca, dados relativos à saúde ou dados relativos à vida sexual ou orientação sexual de uma pessoa.

10 Art. 5º, II. Dado pessoal sensível: dado pessoal sobre origem racial ou étnica, convicção religiosa, opinião política, filiação a sindicato ou a organização de caráter religioso, filosófico ou político, dado referente à saúde ou à vida sexual, dado genético ou biométrico, quando vinculado a uma pessoa natural.

Ienca e Andorno (2017, p. 14) destacam que "a natureza especial dos dados cerebrais, que se relacionam muito diretamente com a vida interior e a personalidade de cada um, e a forma distinta como tais dados são obtidos, sugerem que provavelmente serão necessárias salvaguardas específicas neste domínio"[11]. A peculiaridade reside na questão em que "a informação a ser protegida não é facilmente distinguível da própria fonte que produziu os dados: o processamento neural do indivíduo"[12] (Ienca & Andorno, 2017, p.14).

Diferentemente de outros dados, os dados neurais permitem inferir estados mentais, preferências, intenções e memórias, afetando diretamente a autonomia cognitiva e a identidade pessoal. Além disso, podem ser captados sem percepção consciente, inviabilizando o consentimento informado efetivo. Esses dados não apenas revelam aspectos profundamente sensíveis da personalidade, como também possuem alto valor preditivo, permitindo antecipar estados de saúde e tendências comportamentais. Nesse sentido, o Comitê Internacional de Bioética da UNESCO (2021) alerta para o fato de que as medições cerebrais podem ainda ser combinadas com outras informações digitais, e esse conjunto de dados associado aos avanços em big data e inteligência artificial, permite identificar padrões e prever comportamentos com precisão muito maior (International Bioethics Committee, 2021, p.7).

Tal exploração, quando articulada à lógica do capitalismo de vigilância descrita por Zuboff (2020), amplia riscos inéditos à privacidade e à autonomia, convertendo experiências humanas em insumos econômicos e fomentando novas formas de dominação informacional. Diante desse cenário, vários autores defendem que os dados neurais constituam uma categoria jurídica

---

11 Tradução livre do trecho: the special nature of brain data, which relate very directly to one's inner life and personhood, and the distinct way in which such data are obtained, suggest that specific safeguards will be probably needed in this domain.

12 Tradução livre do trecho: the information to be protected is not easily distinguishable from the source itself that produced the data: the individual's neural processing.

autônoma, com um regime protetivo reforçado, contemplando garantias como a inviolabilidade mental e a proibição de coleta coercitiva. Essa proposta alinha-se ao direito emergente à privacidade mental, visando proteger não apenas a informação, mas também sua fonte geradora — o cérebro humano — como último reduto da liberdade individual (Farahany, 2023; Ienca & Andorno, 2017).

NEURODIREITOS COMO RESPOSTA JURÍDICA AOS ATUAIS DESAFIOS

As neurotecnologias, ao penetrarem na cognição, afetam direitos fundamentais como privacidade, liberdade de pensamento, integridade mental, proteção contra discriminação, devido processo legal e não-autoincriminação. Contudo, o direito internacional dos direitos humanos não as menciona de forma explícita, revelando uma lacuna normativa relevante (Ienca & Andorno, 2017, pp.7-8).

Para enfrentar essa lacuna, surgem os neurodireitos, definidos como "princípios éticos, legais, sociais ou naturais de liberdade ou prerrogativas relacionadas ao domínio cerebral e mental da pessoa; normas fundamentais para proteção e preservação do cérebro e da mente humana"[13] (Ienca, 2021, p.1). Sua finalidade é estabelecer salvaguardas jurídicas capazes de preservar a dignidade humana na era da conectividade cerebral e da inteligência artificial.

O primeiro modelo sistemático foi proposto por Ienca e Andorno (2017), que defendem a interpretação evolutiva dos direitos humanos já consagrados, identificando quatro garantias centrais:

---

13 Tradução livre do trecho: Neurorights can be defined as the ethical, legal, social, or natural principles of freedom or entitlement related to a person's cerebral and mental domain; that is, the fundamental normative rules for the protection and preservation of the human brain and mind.

- Liberdade Cognitiva: Direito de acessar ou recusar tecnologias neurais, protegendo contra usos coercitivos ou não consentidos.
- Privacidade Mental: Proteção contra coleta, armazenamento, divulgação ou uso não autorizado de dados neurais e conteúdos mentais.
- Integridade Mental: Garantia contra interferências externas capazes de causar dano ou alterar estados mentais e emocionais sem consentimento.
- Continuidade Psicológica: Proteção da coerência da identidade pessoal e da memória ao longo do tempo, evitando alterações não consentidas.

Inspirado por esse marco, Rafael Yuste e colaboradores fundaram a Neurorights Initiative, posteriormente estruturada como Neurorights Foundation, e propuseram formalizar internacionalmente cinco neurodireitos — concebidos como interpretações expandidas das garantias já existentes no sistema dos direitos humanos (Yuste et al., 2021, pp.160-161):

- Identidade pessoal: salvaguardar à integridade física e mental, evitando intervenções que alterem quem a pessoa é.
- Agência ou livre-arbítrio: assegurar que decisões e ações individuais permaneçam livres de manipulação externa.
- Privacidade mental: garantir que pensamentos e dados neurais não sejam acessados, transferidos ou comercializados sem consentimento expresso.
- Acesso equitativo: promover justiça distributiva no uso de tecnologias de restauração ou aprimoramento cognitivo.
- Proteção contra vieses algorítmicos: prevenir que sistemas computacionais introduzam discriminações nos processos cognitivos humanos.

Apesar de diferenças conceituais, ambos os modelos compartilham três eixos essenciais: preservação da identidade e autonomia, proteção da privacidade mental e prevenção de manipulação indevida. A proposta de Yuste amplia o escopo ao incorporar dimensões distributivas e de justiça algorítmica, enquanto o modelo de Ienca e Andorno mantém foco na expansão evolutiva dos direitos humanos já reconhecidos.

Genser et al. (2022) defendem a integração desses princípios ao arcabouço jurídico internacional por meio de protocolos adicionais à Declaração Universal dos Direitos Humanos, dentro de um modelo de governança global inclusivo e orientado pelo princípio da precaução. Essa visão busca institucionalizar os neurodireitos de forma vinculante, evitando fragmentação normativa.

O debate doutrinário, entretanto, permanece aberto. Parte dos autores sustenta que a simples reinterpretação dos direitos existentes seria suficiente (Ienca & Andorno, 2017), enquanto outros defendem que a profundidade das intervenções cognitivas possíveis exige a criação de uma nova geração de direitos autônomos. Borbón e Borbón (2021) alertam que a neurotecnologia pode alterar a própria estrutura da experiência humana, fragilizando pilares fundamentais da dignidade.

Se reconhecermos que a dignidade humana está intrinsecamente ligada à autonomia, à identidade e à integridade mental, qualquer tecnologia que ameace esses valores exige garantias jurídicas efetivas. Nesse contexto, os neurodireitos — seja como evolução dos direitos consagrados, seja como novo capítulo no catálogo de direitos humanos — configuram-se como uma resposta normativa necessária e estratégica diante dos desafios impostos pelas neurotecnologias.

O CENÁRIO REGULATÓRIO INTERNACIONAL E NACIONAL: INICIATIVAS E LACUNAS

O avanço acelerado das neurotecnologias impõe ao Direito o desafio urgente de criar respostas normativas capazes de resguardar a autonomia, a privacidade e a dignidade humanas. A velocidade da inovação muitas vezes supera a capacidade legislativa, gerando lacunas que exigem atenção imediata.

Nesse cenário, organismos internacionais têm buscado orientar políticas nacionais, enquanto alguns países já avançam em soluções concretas. O Brasil, embora com iniciativas promissoras, ainda enfrenta obstáculos para a efetividade regulatória.

Iniciativas Internacionais

A preocupação com os impactos jurídicos e éticos das neurotecnologias vem crescendo no cenário internacional, resultando em documentos orientadores e propostas normativas:

- OCDE (2019) – O working paper "Responsible Innovation in Neurotechnology Enterprises" (Garden et al., 2019) foi um dos primeiros documentos a propor diretrizes para a inovação responsável no setor. Recomenda práticas de governança empresarial, engajamento social e adoção de padrões técnicos voluntários. Embora relevante como instrumento de soft law, carece de mecanismos efetivos de aplicação e fiscalização.
- UNESCO (2021) – O Report of the International Bioethics Committee on the Ethical Issues of Neurotechnology analisa desafios éticos, legais e sociais, propondo princípios para garantir dignidade humana, autonomia, privacidade mental e governança responsável. Introduz o debate sobre neurodireitos e defende regulamentação internacional articulada a processos participativos.
- Nações Unidas (2022) – A Resolução 51/3 do Conselho de Direitos Humanos reconhece benefícios e riscos das neurotecnologias, solicitando estudo com recomendações para proteger a privacidade mental e assegurar aplicação coerente dos direitos humanos.
- OEA – Princípios Interamericanos (2021, 2023) – Em 2021, a Comissão Jurídica Interamericana (CJI) publicou declaração alertando para riscos jurídicos e éticos, recomendando proteção à autonomia, privacidade mental e igualdade de acesso. Em 2023, a Declaração de Princípios Interamericanos integrou a neurotecnologia ao contexto da transformação digital, abordando

identidade, integridade neurocognitiva, consentimento informado, proteção de dados neurais e não discriminação.

- Europa e América Latina – A Carta de Direitos Digitais da Espanha (Gobierno de España, 2021) inclui garantias sobre autodeterminação mental, soberania individual e controle de dados neurais, alinhando inovação tecnológica a direitos fundamentais. Já a Carta Ibero-Americana de Princípios e Direitos em Ambientes Digitais (Secretaria-Geral Ibero-Americana, 2023) estabelece princípios para governança ética e inclusiva de tecnologias emergentes, incluindo neurotecnologias.

Até o presente momento, no plano internacional, prevalecem instrumentos de soft law que orientam políticas e estimulam boas práticas, mas que ainda carecem de força vinculante para garantir aplicação uniforme e efetiva.

Referência Global: O Caso Chileno

O Chile é pioneiro na adoção de medidas vinculantes. Em 2021, a Lei nº 21.383 alterou a Constituição para determinar que o desenvolvimento científico respeite a integridade física e psíquica, impondo ao legislador a obrigação de regular tecnologias que afetem a atividade cerebral e protejam dados neurais[14].

Ainda, o Projeto de Lei Complementar (Boletim 13828-19), em tramitação, detalha garantias como privacidade mental, autodeterminação, acesso equitativo a aprimoramentos cognitivos e proteção contra vieses algorítmicos. Em 2023, por sua vez, no caso Girardi vs. Emotiv Inc., a Corte Suprema

---

14 Artículo 19. La Constitución asegura a todas las personas:

1°. El derecho a la vida y a la integridad física y psíquica de la persona.

El desarrollo científico y tecnológico estará al servicio de las personas y se llevará a cabo con respeto a la vida y a la integridad física y psíquica. La ley regulará los requisitos, condiciones y restricciones para su utilización en las personas, debiendo resguardar especialmente la actividad cerebral, así como la información proveniente de ella;

chilena determinou a exclusão de dados neurais coletados de forma irregular, reforçando o papel preventivo do Estado.

Diante desse cenário, o modelo chileno que combina proteção constitucional explícita com medidas legislativas e jurisprudenciais, se mostra como referência para outros países.

O Cenário Brasileiro e Propostas Regulatórias

No Brasil, a Lei Geral de Proteção de Dados (LGPD) (Lei nº 13.709/2018) garante princípios relacionados à privacidade e ao livre desenvolvimento da personalidade, mas não menciona dados neurais de forma expressa. Essa lacuna levanta dúvidas sobre a suficiência da categoria "dados sensíveis" para abranger informações de origem cerebral, cuja natureza íntima e potencial de manipulação demandam salvaguardas específicas.

A interpretação extensiva da LGPD à luz dos princípios constitucionais da intimidade e da inviolabilidade psíquica é possível, mas insuficiente diante da complexidade técnica e dos riscos emergentes das neurotecnologias. Diante dessa lacuna regulatória e da necessidade de salvaguardas específicas, tramitam no Congresso Nacional propostas que visam ampliar a proteção dos dados neurais e disciplinar suas implicações jurídicas e éticas:

- PL nº 1.229/2021 e PL nº 522/2022: Propõe alterar a LGPD para: (i) incluir dado neural como dado pessoal sensível; (ii) criar capítulo específico sobre tratamento de dados neurais, exigindo consentimento informado mesmo quando o titular estiver inconsciente; (iii) proibir usos que afetem identidade, autonomia ou integridade psicológica e vedar compartilhamento para fins econômicos; e (iv) determinar transparência sobre riscos cognitivos e dever estatal de assegurar acesso equitativo às neurotecnologias.
- PEC nº 29/2023: Propõe incluir no art. 5º da Constituição Federal a proteção à integridade mental e a transparência algorítmica como direitos fundamentais, equiparando-os a garantias já reconhecidas, como proteção de dados pessoais.

- PEC nº 298/2023 (RS): Altera a Constituição do Estado do Rio Grande do Sul para garantir que políticas científicas e tecnológicas respeitem a integridade mental como princípio estruturante.

Um avanço no Brasil se mostra na jurisprudência do Supremo Tribunal Federal, especialmente na ADI 6.638/DF, na qual foi reconhecida a proteção de dados pessoais como direito fundamental, com fundamento na dignidade da pessoa humana e na autodeterminação informativa — princípios que constituem pilares para a consolidação dos neurodireitos.

Entretanto, os desafios vão além da classificação. A possibilidade de modificar, apagar ou otimizar dados neurais exige revisão do paradigma tradicional de proteção de dados. Garden et al. (2019) alertam que, sem diretrizes robustas, os limites entre uso terapêutico e manipulação indevida tornam-se difusos, ampliando vulnerabilidades cognitivas e desigualdades sociais.

Síntese e Perspectivas

Comparado ao cenário internacional, o Brasil ainda se encontra na fase de formulação inicial, com propostas legislativas e constitucionais que carecem de consolidação e efetividade. O Chile mostra que é possível avançar para garantias vinculantes e jurisprudência protetiva, enquanto documentos como os da UNESCO, ONU e OEA oferecem princípios que podem servir de base para a regulamentação nacional.

Reconhecer dados neurais como categoria jurídica própria e sensível não é mera atualização legal, mas medida indispensável para proteger direitos fundamentais na era neurotecnológica. A construção de um marco regulatório nacional, fundado na dignidade humana, na precaução e na justiça distributiva, é passo crucial para assegurar que a mente permaneça território inviolável e soberano — garantindo que a tecnologia sirva à humanidade, e não o contrário.

O IMPERATIVO DA PROTEÇÃO DA MENTE NA ERA NEUROTECNOLÓGICA

O percurso deste estudo evidenciou que a ascensão das neurotecnologias inaugura um novo patamar de desafios éticos, jurídicos e sociais, sem precedentes na história da humanidade. Ao possibilitar o acesso, a decodificação e até a modificação de processos mentais, essas tecnologias não apenas ampliam horizontes científicos e terapêuticos, mas também abrem caminho para riscos que tocam o núcleo mais íntimo da pessoa: sua autonomia cognitiva, sua identidade e a continuidade de sua experiência consciente.

Se, por um lado, a neurotecnologia oferece oportunidades para restaurar funções neurológicas, potencializar capacidades cognitivas e melhorar a qualidade de vida, por outro, a ausência de salvaguardas normativas robustas cria um campo fértil para usos abusivos, manipulação comportamental, discriminação neurobiológica e vigilância mental. Como demonstrado, os marcos jurídicos tradicionais, concebidos para dados pessoais convencionais, não são suficientes para lidar com a especificidade e a sensibilidade dos dados neurais.

Nesse contexto, a proteção da mente deve ser reconhecida como imperativo jurídico e ético central já no início do século XXI. Não se trata apenas de atualizar leis existentes, mas de construir um ecossistema normativo multidimensional — que seja capaz de integrar instrumentos jurídicos vinculantes, mecanismos técnicos de segurança e políticas públicas inclusivas. Tal ecossistema deve garantir:

- A inviolabilidade mental como princípio estruturante do Estado de Direito;
- A privacidade mental como dimensão inseparável do direito à intimidade;
- A preservação da agência e da identidade pessoal contra intervenções coercitivas ou manipulativas;

- A igualdade de acesso a tecnologias de restauração e aprimoramento cognitivo, prevenindo a ampliação das desigualdades;
- A supervisão democrática e a transparência algorítmica no uso de neurotecnologias.

A experiência internacional, em especial o pioneirismo chileno, demonstra que é possível avançar de diretrizes e soft law para garantias constitucionais e legislações eficientes. O Brasil, por sua vez, tem diante de si a oportunidade histórica de incorporar os neurodireitos ao seu ordenamento jurídico, antecipando-se aos impactos massivos que da revolução neurotecnológica.

Proteger a mente humana é proteger a própria essência da liberdade e da dignidade. Na era neurotecnológica, esse não é apenas um desafio regulatório: é um compromisso civilizatório. Se quisermos que a inovação sirva ao pleno desenvolvimento humano e não à sua submissão, a mente deve ser instituída como território inviolável, soberano e livre — o último reduto onde a humanidade preserva sua autonomia e sua consciência de si.

REFERÊNCIAS BIBLIOGRÁFICAS

Borbón, D., & Borbón, L. (2021, 24 de outubro). A critical perspective on neurorights: Comments regarding ethics and law. Frontiers in Human Neuroscience, 15, Article 703121. Acesso em 10 de agosto de 2025, https://doi.org/10.3389/fnhum.2021.703121

Brasil. (2018, 14 de agosto). Lei nº 13.709, de 14 de agosto de 2018: Lei Geral de Proteção de Dados (LGPD). Diário Oficial da União. Acesso em 10 de agosto de 2025, https://www.planalto.gov.br/ccivil_03/_ato2015-2018/2018/lei/l13709.htm

Brasil. (2021). Projeto de Lei nº 1.229, de 2021 [Projeto de lei]. Câmara dos Deputados. Acesso em 10 de agosto de 2025, https://www.camara.leg.br/proposicoesWeb/prop_mostrarintegra?codteor=1985389&filename=PL%20 1229/2021

Brasil. (2022). Projeto de Lei nº 522, de 2022 [Projeto de lei]. Câmara dos Deputados. Acesso em 10 de agosto de 2025, https://www.camara.leg.br/proposicoesWeb/prop_mostrarintegra?codteor=2146384&filename=PL%20522/2022

Brasil. (2023). Proposta de Emenda à Constituição nº 29, de 2023 [Proposta de emenda constitucional]. Câmara dos Deputados. Acesso em 10 de agosto de 2025, https://legis.senado.leg.br/sdleg-getter/documento?dm=9386704&ts=1733680966467&disposition=inline

Brasil. Estado do Rio Grande do Sul. (2023). Proposta de Emenda à Constituição nº 298, de 2023 [Proposta de emenda constitucional]. Assembleia Legislativa do Estado do Rio Grande do Sul. Acesso em 10 de agosto de 2025, http://proweb.procergs.com.br/temp/PEC_298_2023_09082025141909_int.pdf?09/08/2025%2014:19:10

Brasil. Supremo Tribunal Federal. (2022, 23 de março). Ação Direta de Inconstitucionalidade nº 6638 – Distrito Federal (ADI 6.638/DF). Requerente: Associação dos Magistrados Brasileiros. Relator: Min. Alexandre de Moraes. Acesso em 10 de agosto de 2025, https://portal.stf.jus.br/processos/downloadPeca.asp?id=15351681143&ext=.pdf

Chile. Corte Suprema de Chile. (2023, 9 de agosto). Girardi vs. Emotiv Inc. (Rol Nº 105065-2023) [Sentencia]. Tercera Sala Constitucional. Acesso em 10 de agosto de 2025, https://derechocienciaytecnologia.uc.cl/wp-content/uploads/2024/02/CS-105065-2023.pdf

Emotiv. (n.d.). Home. Acesso em 10 de agosto de 2025, https://www.emotiv.com/

European Union. (2016, 27 de abril). Regulamento (UE) 2016/679 do Parlamento Europeu e do Conselho de 27 de abril de 2016: Regulamento Geral sobre a Proteção de Dados. Official Journal of the European Union, L119, 1–88. Acesso em 10 de agosto de 2025, https://eur-lex.europa.eu/legal-content/PT/TXT/PDF/?uri=CELEX:32016R0679

Farahany, N. M. (2023). The battle for your brain: Defending the right to think freely in the age of neurotechnology. St. Martin's Press.

Garden, H., Winickoff, D. E., Frahm, N. M., & Pfotenhauer, S. (2019). Responsible innovation in neurotechnology enterprises (OECD Science, Technology and Industry Working Papers, 2019/05). OECD Publishing. Acesso em 10 de agosto de 2025, https://doi.org/10.1787/9685e4fd-en

Genser, J., Herrmann, S., & Yuste, R. (2022, 6 de maio). International human rights protection gaps in the age of neurotechnology (White paper). NeuroRights Foundation. Acesso em 10 de agosto de 2025, https://ntc.columbia.edu/wp-content/uploads/2022/05/NeurorightsFoundationPUBLICAnalysis5.6.22.pdf

Giordano, J. (2012). Neurotechnology: Premises, potential, and problems [eBook edition]. CRC Press.

Gobierno de España. Secretaría de Estado de Digitalización e Inteligencia Artificial. (2021). Carta de derechos digitales. Ministerio de Asuntos Económicos y Transformación Digital. Acesso em 10 de agosto de 2025, https://portal.mineco.gob.es/RecursosArticulo/mineco/ministerio/participacion_publica/audiencia/ficheros/SEDIACartaDerechosDigitales.pdf

Hain, D. S., Jurowetzki, R., Squicciarini, M., & Xu, L. (2023). Unveiling the neurotechnology landscape: Scientific advancements, innovations and major trends. UNESCO. Acesso em 10 de agosto de 2025, https://doi.org/10.54678/OCBM4164

Harari, Y. N. (2016). Homo Deus: Uma breve história do amanhã. Companhia das Letras.

Ienca, M. (2021, 23 de setembro). On neurorights. Frontiers in Human Neuroscience, 15, Article 701258. Acesso em 10 de agosto de 2025, https://doi.org/10.3389/fnhum.2021.701258

Ienca, M., & Andorno, R. (2017, 26 de abril). Towards new human rights in the age of neuroscience and neurotechnology. Life Sciences, Society and Policy, 13(1), Article 5. Acesso em 10 de agosto de 2025, https://doi.org/10.1186/s40504-017-0050-1

International Bioethics Committee. (2021, 15 de dezembro). Ethical issues of neurotechnology: Report of the International Bioethics Committee of UNESCO (IBC). UNESCO. Acesso em 10 de agosto de 2025, https://unesdoc.unesco.org/ark:/48223/pf0000378724

Kandel, E. R., Koester, J. D., Mack, S. H., et al. (2023). Princípios de neurociências. Grupo A. Acesso em 10 de agosto de 2025, https://app.minhabiblioteca.com.br/books/9786558040255

Luger, G. F. (2013). Inteligência artificial. Pearson. Acesso em 10 de agosto de 2025, https://plataforma.bvirtual.com.br

NextSense. (n.d.). Home. Acesso em 10 de agosto de 2025, https://nextsense.io/

Organização dos Estados Americanos. (2021, 11 de agosto). Declaração sobre neurociência, neurotecnologia e direitos humanos. Comissão Jurídica Interamericana, Acesso em 10 de agosto de 2025, https://www.oas.org/en/sla/iajc/docs/CJI-DEC_01-XCIX-O-21_POR.pdf

Organização dos Estados Americanos. Comitê Jurídico Interamericano. (2023, 9 de março). Declaración de principios interamericanos en materia de neurociencias, neurotecnologías y derechos humanos (CJI/RES. 281 (CII-O/23) corr.1). OEA. Acesso em 10 de agosto de 2025, https://www.oas.org/es/sla/cji/docs/CJI-RES_281_CII-O-23_corr1_ESP.pdf

Roberts, R. (2025, junho). Minuta: proyecto de ley "Sobre protección de los neuroderechos y la integridad mental, y el desarrollo de la investigación y las neurotecnologías" (Boletín N° 13828-19). Biblioteca del Congreso Nacional de Chile – Asesoría Técnica Parlamentaria. Acesso em 10 de agosto de 2025, https://obtienearchivo.bcn.cl/obtienearchivo?id=repositorio/10221/37341/1/minuta_mocion_neurotecnologias_junio_2025_BCN.pdf

Santos, R. S. dos, & Coutinho, D. J. G. (2024, 14 de maio). Neurociência, conceitos e teorias. Revista Ibero-Americana de Humanidades, Ciências e Educação, 10(5), 2611–2617. Acesso em 10 de agosto de 2025, https://doi.org/10.51891/rease.v10i5.14048

Schwab, K. (2016). A quarta revolução industrial. Edipro. (Obra original publicada em 2016)

Secretaria-Geral Ibero-Americana. (2023, 25 de março). Carta Ibero-Americana de princípios e direitos em ambientes digitais. XXVIII Cúpula Ibero-Americana das Chefes e Chefes de Estado e de Governo. Acesso em 10 de agosto de 2025, https://www.segib.org/pt-br/?document=carta-ibero-ameriana-de-principios-e-direitos-em-entornos-digitais

Stam, C. (2014, 4 de setembro). Modern network science of neurological disorders. Nature Reviews Neuroscience, 15, 683–695. Acesso em 10 de agosto de 2025, https://doi.org/10.1038/nrn3801

Tan, D., & Nijholt, A. (2010). Brain-computer interfaces and human-computer interaction. In D. Tan & A. Nijholt (Eds.), Brain-computer interfaces (pp.3–19). Human-Computer Interaction Series. Springer. Acesso em 10 de agosto de 2025, https://doi.org/10.1007/978-1-84996-272-8_1

Tang, J., LeBel, A., Jain, S., et al. (2023, 1º de maio). Semantic reconstruction of continuous language from non-invasive brain recordings. Nature Neuroscience, 26, 858–866. Acesso em 10 de agosto de 2025, https://doi.org/10.1038/s41593-023-01304-9

UNESCO. (2024, 27 de agosto). First draft of a recommendation on the ethics of neurotechnology (Revised version). United Nations Educational, Scientific and Cultural Organization. Acesso em 10 de agosto de 2025, https://unesdoc.unesco.org/ark:/48223/pf0000391074

United Nations Human Rights Council. (2022, 6 de outubro). Neurotechnology and human rights (Resolution A/HRC/RES/51/3). United Nations. Acesso em 10 de agosto de 2025, https://docs.un.org/en/A/HRC/RES/51/3

Wolpaw, J. R., & Wolpaw, E. W. (Eds.). (2012). Brain–computer interfaces: Principles and practice. Oxford University Press.

Yuste, R. (2023, 11 de setembro). Advocating for neurodata privacy and neurotechnology regulation. Nature Protocols, 18, 2869–2875. Acesso em 10 de agosto de 2025, https://doi.org/10.1038/s41596-023-00873-0

Yuste, R., Genser, J., & Herrmann, S. (2021, Inverno). It's time for neuro-rights: New human rights for the age of neurotechnology. Horizons: Journal of International Relations and Sustainable Development (18), 154–164. Acesso em 10 de agosto de 2025, https://www.cirsd.org/en/horizons/horizons-winter-2021-issue-no-18/its-time-for-neuro--rights

Zuboff, S. (2020). A era do capitalismo de vigilância: A luta por um futuro humano na nova fronteira do poder (G. Schlesinger, Trad.). Intrínseca.

Made in the USA
Monee, IL
04 November 2026

67386621R00095